湖北省培养紧缺技能人才系列教材

无人机操控技术

徐振槐　主编

中国劳动社会保障出版社

简介

本书为湖北省培养紧缺技能人才系列教材，主要内容包括无人机的基础知识、无人机的系统组成、无人机的飞行控制、无人机的模拟飞行、无人机户外作业注意事项、无人机的飞行操控与维护等。

本书由徐振槐任主编，范方华、杨涛任副主编，雷艳红、王莹莹、李海毓、胡宇、杨益参加编写。

图书在版编目（CIP）数据

无人机操控技术 / 徐振槐主编 . -- 北京 : 中国劳动社会保障出版社，2024
湖北省培养紧缺技能人才系列教材
ISBN 978-7-5167-6052-9

Ⅰ. ①无⋯　Ⅱ. ①徐⋯　Ⅲ. ①无人驾驶飞机 - 教材　Ⅳ. ①V279

中国国家版本馆 CIP 数据核字（2024）第 107050 号

中国劳动社会保障出版社出版发行
（北京市惠新东街 1 号　邮政编码：100029）
*
北京昌联印刷有限公司印刷装订　　新华书店经销
787 毫米 ×1092 毫米　16 开本　6.25 印张　130 千字
2024 年 7 月第 1 版　　2026 年 3 月第 4 次印刷
定价：14.00 元

营销中心电话：400-606-6496
出版社网址：https://www.class.com.cn
https://jg.class.com.cn

序

技术工人是支撑中国制造、中国创造的重要力量。习近平总书记在2020年全国劳动模范和先进工作者表彰大会上勉励广大劳动群众，“要适应新一轮科技革命和产业变革的需要，密切关注行业、产业前沿知识和技术进展，勤学苦练、深入钻研，不断提高技术技能水平”。

技术技能水平的提高是个系统工程，好的教材对技术技能水平的提高至关重要。多年来，湖北省人力资源和社会保障厅围绕实施国家高技能人才振兴计划和技能人才培养创新项目，面向经济社会发展急需紧缺职业（工种），组织开展品牌专业评审、精品教材开发，致力于服务技工教育和职业技能培训。

2020年，湖北省人力资源和社会保障厅组织全省技工院校骨干教师精心编写了湖北省培养紧缺技能人才系列教材。系列教材涉及新一代信息技术产业、智能制造产业、数字产业等战略性新兴产业领域，并依据实际情况对接了世界技能大赛技术标准，部分教材配有二维码数字资源及多媒体课件。教材编写借鉴学习了一体化课程教学改革理念，并力争将思想政治教育元素、工匠精神培育和安全生产意识等融入技能培养的各个环节。

本系列教材的开发，是湖北省技工院校开展一体化课程教学改革的积极探索和有益尝试，是湖北省技工教育最新成果的集中展示。期望教材既能为技工院校在校学生的学习提供内容先进、论述系统并适于教学的教材或参考书，也能为广大技能人才的知识更新与继续学习提供适合的参考资料。

2022年12月

目　录

第一章　无人机的基础知识……………………………………………… 1

第二章　无人机的系统组成……………………………………………10

第一节　无人机的结构组成……………………………………………… 10
第二节　无人机的动力子系统…………………………………………… 16
第三节　无人机的飞行控制器…………………………………………… 29
第四节　无人机的通信链路系统………………………………………… 37
第五节　天线与无线系统………………………………………………… 48
第六节　无人机任务载荷系统…………………………………………… 56

第三章　无人机的飞行控制……………………………………………58

第四章　无人机的模拟飞行……………………………………………63

第一节　模拟训练的准备工作…………………………………………… 63
第二节　模拟训练的内容和步骤………………………………………… 77

第五章　无人机户外作业注意事项……………………………………78

第一节　准备工作………………………………………………………… 78
第二节　飞行前的检查…………………………………………………… 80

第六章　无人机的飞行操控与维护……………………………………82

第一节　无人机的飞行操控……………………………………………… 82
第二节　无人机的维护…………………………………………………… 90

第一章　无人机的基础知识

一、无人机概述

1. 无人机的定义

如图 1–1–1 所示，无人机也叫无人驾驶航空器，是一种由遥控站管理（包括人为远程操纵或自主程序控制飞行）的航空器，它可以执行多种任务并能回收和重复使用。无人机要完成任务，除需要携带任务设备外，还需要有地面控制设备、数据通信设备、维护设备，以及指挥控制和必要的操作、维护人员等，较大型的无人机还需要专门的发射、回收装置。完整意义上的无人机应称为无人机系统。

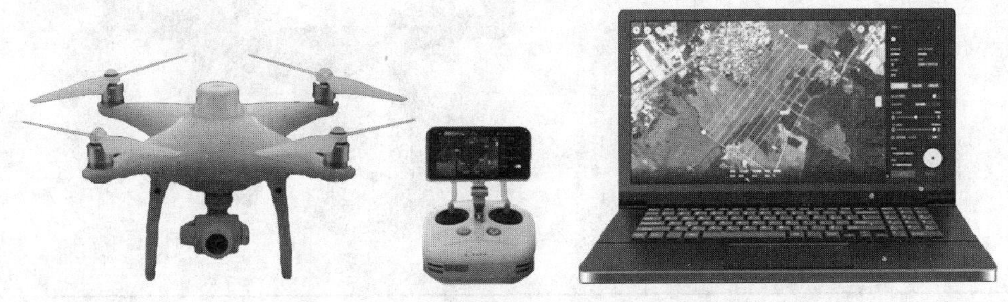

图 1–1–1　无人机

2. 无人机的特点

无人机最大的特点是无人驾驶，它无须配备针对驾驶人员的生命保障系统，简化了系统、减轻了质量、降低了成本，可以面对更加恶劣的飞行环境，执行危险性较高的任务，它使用维护方便、作业效率高，应用领域较为广泛。

3. 无人机的发射方式和回收方式

（1）无人机的发射方式

无人机的发射方式有手抛发射、零长发射、弹射发射、母机空中发射、容器式发射装置发射，以及起落架滑跑起飞和垂直起飞等。

（2）无人机的回收方式

无人机的回收方式有伞降回收、中空回收、起落架轮式着陆回收、拦阻网回收、气垫着陆回收和垂直着陆回收等。

二、无人机的分类

1. 按照用途分类

按照用途分类，无人机可分为军用无人机和民用无人机两种，见表 1–1–1。

表 1–1–1　　按照用途分类

分类	图　示
军用无人机	
民用无人机	

2. 按照飞行平台类型分类

按照飞行平台类型分类，无人机可分为固定翼无人机、无人直升机、多旋翼无人机、伞翼无人机、扑翼无人机、无人飞艇等，见表 1–1–2。

表 1–1–2　　按照飞行平台类型分类

分类	图　示
固定翼无人机	

续表

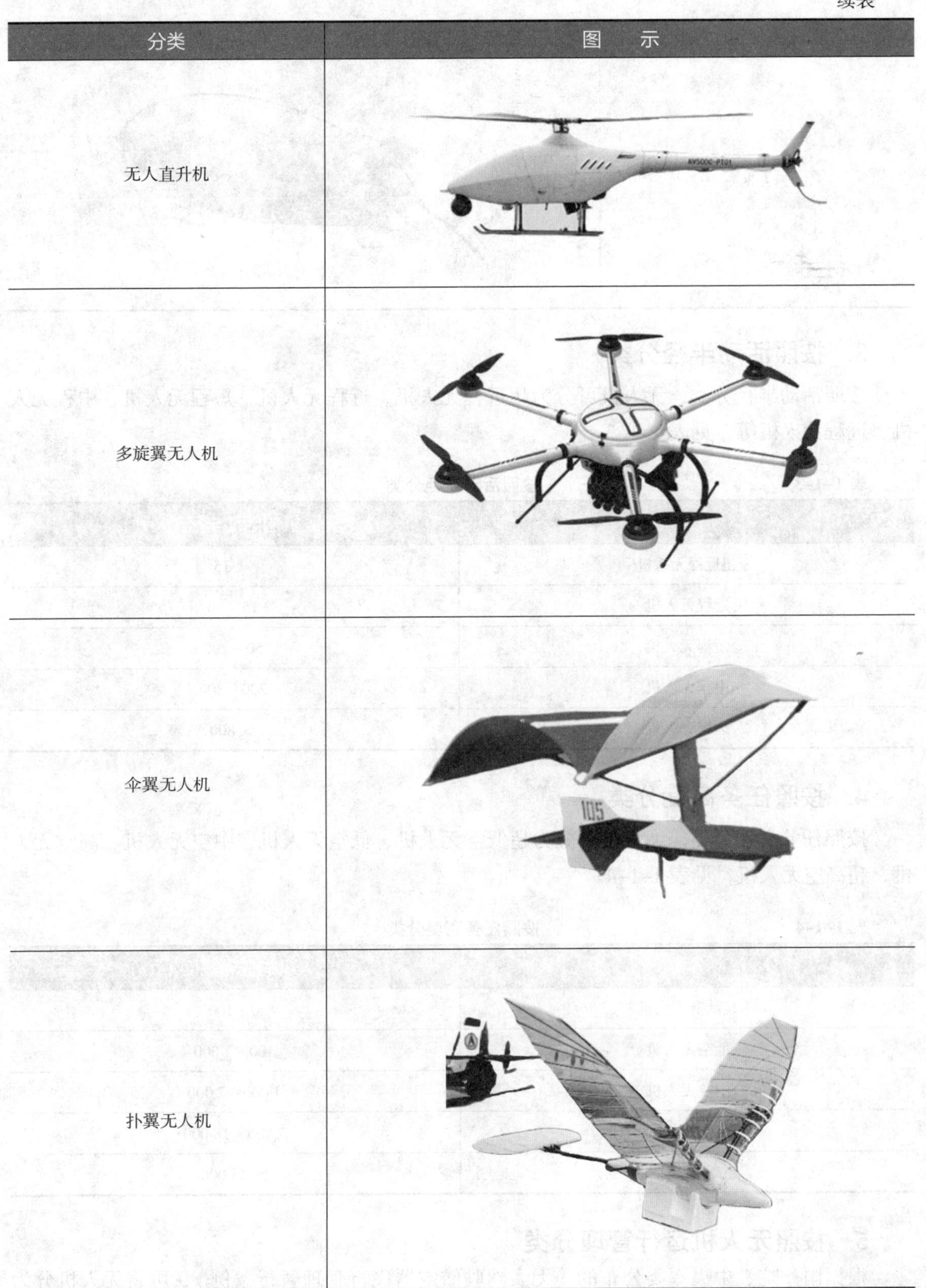

分类	图　示
无人直升机	
多旋翼无人机	
伞翼无人机	
扑翼无人机	

续表

分类	图　示
无人飞艇	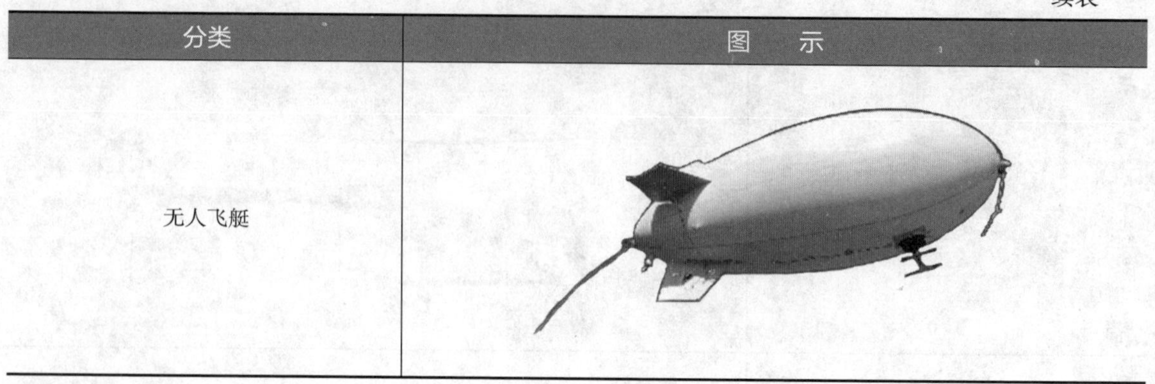

3. 按照活动半径分类

按照活动半径分类，无人机可分为超近程无人机、近程无人机、短程无人机、中程无人机、远程无人机等，见表 1–1–3。

表 1–1–3　按照活动半径分类

分类	无人机的活动半径（km）
超近程无人机	＜15
近程无人机	15 ~ 50
短程无人机	50 ~ 200
中程无人机	200 ~ 800
远程无人机	＞800

4. 按照任务高度分类

按照任务高度分类，无人机可分为超低空无人机、低空无人机、中空无人机、高空无人机、超高空无人机，见表 1–1–4。

表 1–1–4　按照任务高度分类

分类	无人机的任务高度（m）
超低空无人机	0 ~ 100
低空无人机	100 ~ 1 000
中空无人机	1 000 ~ 7 000
高空无人机	7 000 ~ 18 000
超高空无人机	＞18 000

5. 按照无人机运行管理分类

根据国务院、中央军委公布的《无人驾驶航空器飞行管理暂行条例》，可将无人机分为微型无人驾驶航空器、轻型无人驾驶航空器、小型无人驾驶航空器、中型无人驾驶航空器、大型无人驾驶航空器。

（1）微型无人驾驶航空器

微型无人驾驶航空器是指空机质量小于 0.25 kg，最大飞行真高不超过 50 m，最大平飞速度不超过 40 km/h，无线电发射设备符合微功率短距离技术要求，全程可以随时人工介入操控的无人驾驶航空器。

（2）轻型无人驾驶航空器

轻型无人驾驶航空器是指空机质量不超过 4 kg 且最大起飞质量不超过 7 kg，最大平飞速度不超过 100 km/h，具备符合空域管理要求的空域保持能力和可靠被监视能力，全程可以随时人工介入操控的无人驾驶航空器，但不包括微型无人驾驶航空器。

（3）小型无人驾驶航空器

小型无人驾驶航空器是指空机质量不超过 15 kg 且最大起飞质量不超过 25 kg，具备符合空域管理要求的空域保持能力和可靠被监视能力，全程可以随时人工介入操控的无人驾驶航空器，但不包括微型、轻型无人驾驶航空器。

（4）中型无人驾驶航空器

中型无人驾驶航空器是指最大起飞质量不超过 150 kg 的无人驾驶航空器，但不包括微型、轻型、小型无人驾驶航空器。

（5）大型无人驾驶航空器

大型无人驾驶航空器是指最大起飞质量超过 150 kg 的无人驾驶航空器。

三、常用的民用无人机

1. 固定翼无人机

如图 1–1–2 所示，固定翼无人机是指由动力装置驱动，机翼固定于机身且不会相对机身运动，依靠空气对机翼的作用力而产生升力的无人驾驶航空器。

图 1–1–2 固定翼无人机

固定翼无人机的优点是续航时间长，载重量大，飞行速度快；其缺点是起飞和降落需要跑道和开阔的空域环境，对于场地要求过高，且无法在空中悬停。

2. 无人直升机

如图 1–1–3 所示，无人直升机是指依靠发动机驱动旋翼旋转来产生升力和纵横向拉力及操纵力矩，能垂直起降的无人驾驶航空器。

图 1–1–3　无人直升机

无人直升机的优点是可以垂直起飞和降落，对于起飞场地要求不高，很小的起飞场地就可以进行起降操作，还可以在空中悬停；其缺点是续航时间短，载重量小，飞行速度慢，机械结构较为复杂。

3. 多旋翼无人机

如图 1–1–4 所示，多旋翼无人机是指拥有三个或三个以上旋翼的无人驾驶航空器，通常也被称为多轴无人机，一般按照轴数和旋翼数量来定义和命名，例如四旋翼无人机或四轴无人机，六旋翼无人机或六轴无人机，八旋翼无人机或八轴无人机等。

图 1–1–4　多旋翼无人机

多旋翼无人机结合了固定翼无人机和无人直升机的优点，可以垂直起飞和降落，对于起飞场地的要求不高，可以在空中悬停，其结构简单、维护方便，可靠性较高，操控简单容易，所以民用无人机中应用最为广泛的就是多旋翼无人机。

4. 垂直起降固定翼无人机

如图 1–1–5 所示为垂直起降固定翼无人机，它将固定翼无人机与多旋翼无人机的优点相结合，起飞和降落阶段为多旋翼模式，到达空中后改为固定翼模式巡航，解决了固定翼无人机起飞和降落时对场地要求较高的问题，又具备了固定翼无人机飞行速度快、载重量大、续航时间长等优点。由于具有这些优点，近年来垂直起降固定翼无人机，广泛应用于测绘、巡检等需要长航时、大载重的领域。

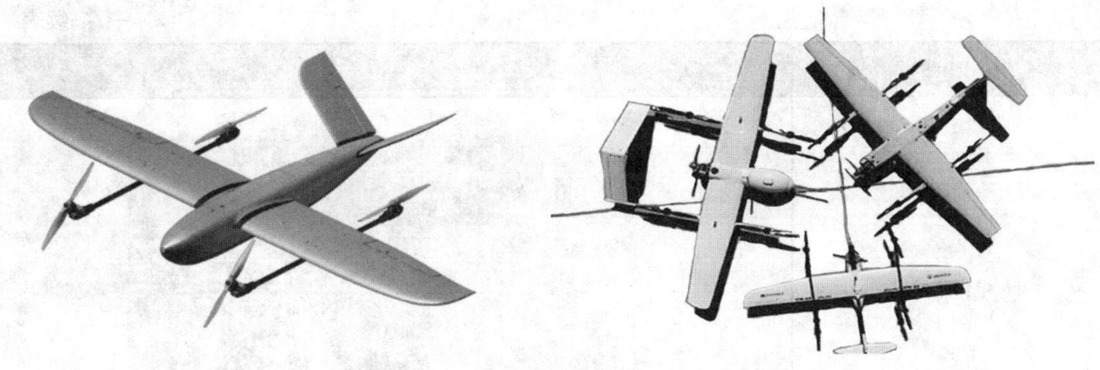

图 1-1-5　垂直起降固定翼无人机

四、无人机的用途

起初，民用无人机大部分是用来航拍的，被称为“会飞的相机”，随着技术的发展，民用无人机行业在国内迅速崛起，无人机广泛应用于影视航拍、农业植保、电力巡检、地理测绘、交通执法、火灾救援、河道巡查、物流运输等领域，见表 1-1-5。

表 1-1-5　无人机的用途

用途	图　示
影视航拍	
农业植保	

续表

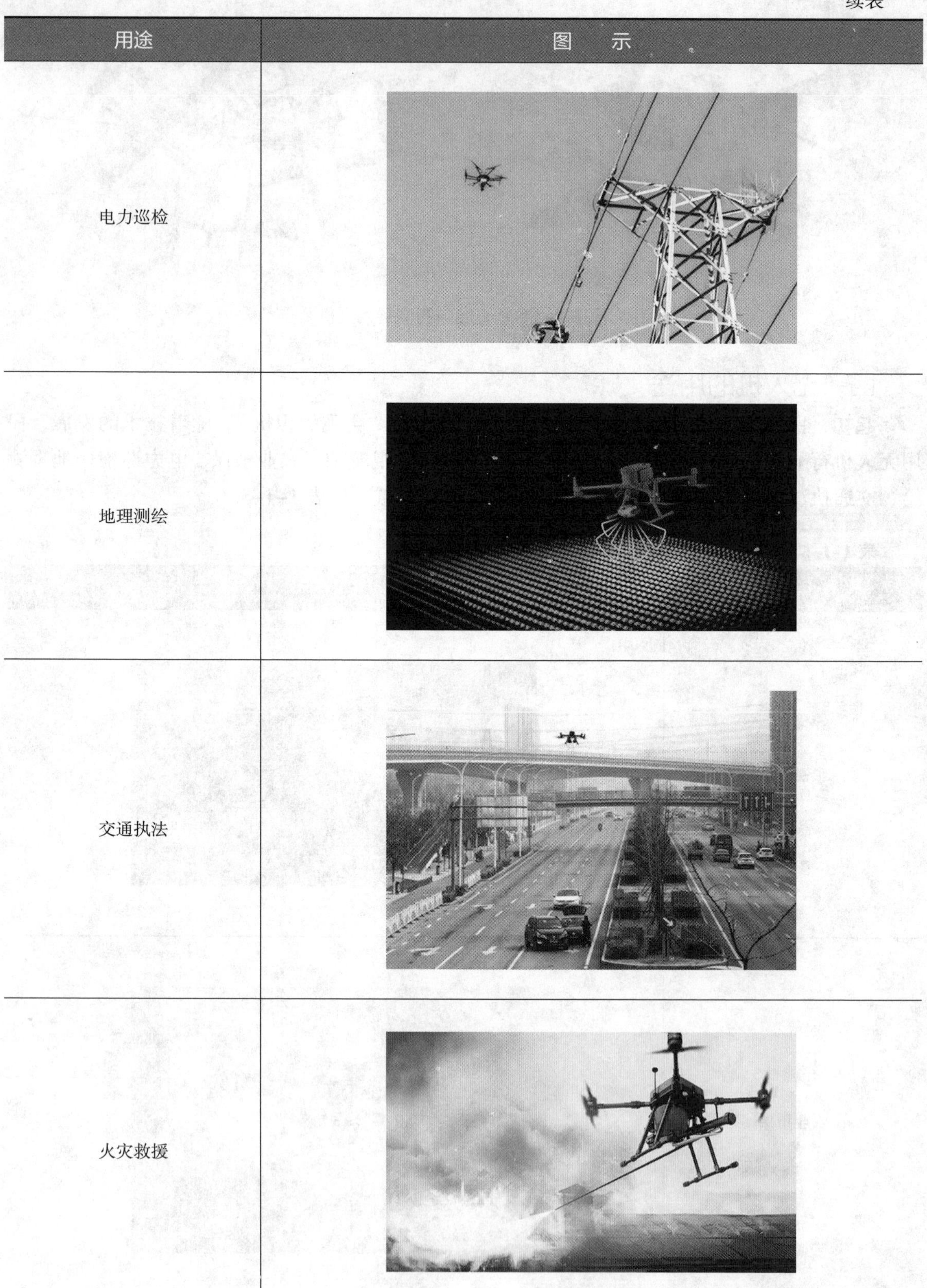

用途	图　示
电力巡检	
地理测绘	
交通执法	
火灾救援	

续表

用途	图　示
河道巡查	
物流运输	

无人机的广泛应用极大提高了相关行业的作业效率，它可以到达人无法到达的区域，看到人无法看到的事物，无人机可以代替人去完成具有危险性的工作。

第二章　无人机的系统组成

第一节　无人机的结构组成

一、固定翼无人机的结构组成

如图 2–1–1 所示，固定翼无人机主要由发动机、螺旋桨、机身、机翼、尾翼（包括垂直尾翼和水平尾翼）、起落架等组成。

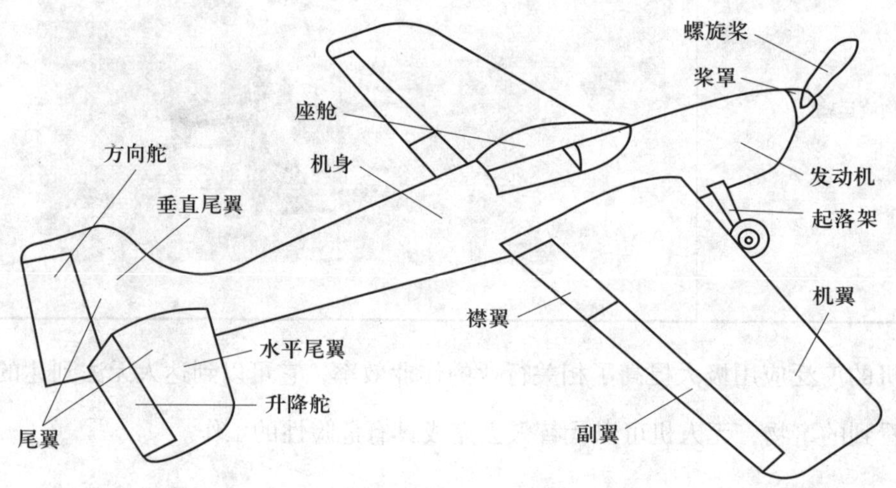

图 2–1–1　固定翼无人机的结构组成

1．发动机

发动机为无人机提供动力，用来带动螺旋桨转动，使飞机前进保持飞行状态。

常见的无人机发动机一般分为电动发动机和油动发动机两大类，其中电动发动机最常见的是有刷电动机和无刷电动机，如图 2–1–2 所示；油动发动机最常见的有活塞式发动机和涡轮喷气式发动机，如图 2–1–3 所示。

2．螺旋桨

螺旋桨进行高速旋转产生向后的气流，从而产生拉力或推力。常见的无人机螺旋桨多为 2 叶桨、3 叶桨和多叶桨，如图 2–1–4 所示。

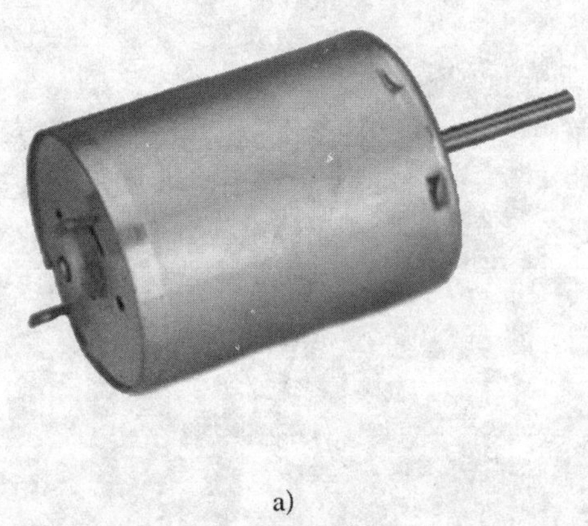

a)

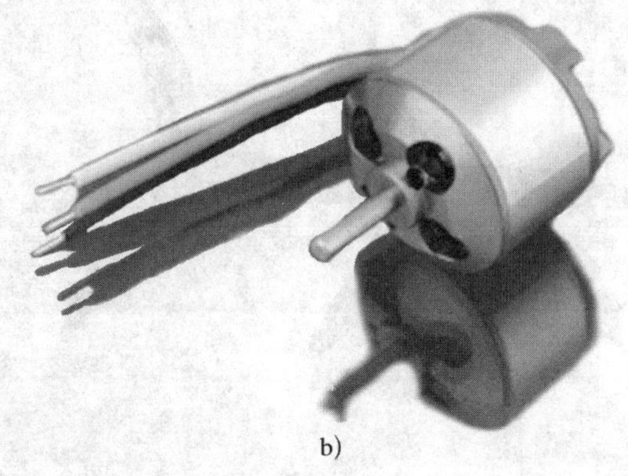

b)

图 2–1–2 电动发动机

a）有刷电动机 b）无刷电动机

a)

b)

图 2–1–3 油动发动机

a）活塞式发动机 b）涡轮喷气式发动机

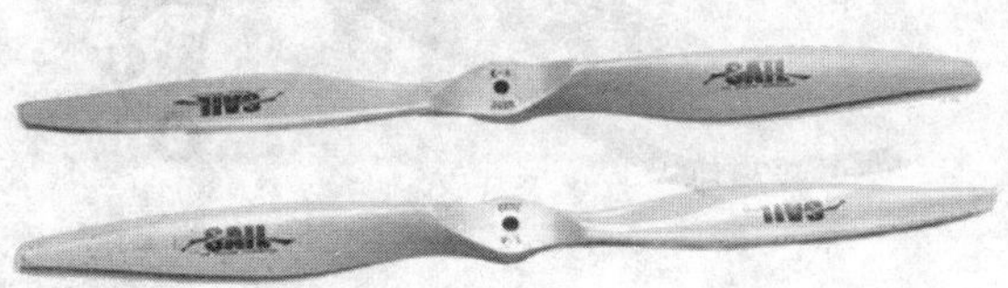

a)

b)　　c)

图 2-1-4　螺旋桨
a）2 叶桨　b）3 叶桨　c）多叶桨

3. 机身

机身的主要作用是将无人机的各个部件连接成为一个整体，例如机翼、尾翼及发动机等，也可以装载各种电子设备等。

常见的无人机机身材料有泡沫机身、轻木蒙皮机身和复合材料机身等，如图 2-1-5 所示。

a)　　b)　　c)

图 2-1-5　机身
a）泡沫机身　b）轻木蒙皮机身　c）复合材料机身

4. 机翼

机翼的主要作用是产生升力，以支持无人机在空中飞行，同时也起到一定的平衡作用。在机翼上一般安装有副翼和襟翼，操纵副翼可使无人机做滚转动作，放下襟翼可使升力增大。机翼上还可安装起落架、电动机或发动机、油箱（针对油动无人机）等。不同用途的无人机，其机翼形状、大小也各有不同。

5. 尾翼

尾翼包括水平尾翼和垂直尾翼。水平尾翼是由固定的水平安定面和可动的升降舵组成。垂直尾翼包括固定的垂直安定面和可动的方向舵。尾翼的作用是操纵无人机俯仰或偏转，保证无人机能更加平稳地飞行。

6. 起落架

起落架的作用是在无人机起飞、着陆、地面滑行和停放时提供支撑。固定翼无人机的起落架可分为前三点式和后三点式两种。前三点式是指机身或机翼下方安装两个支架，机身前部安装一个支架的方式，其优点是易起飞，降落平稳，其缺点是在陆地上转弯时容易侧倾；后三点式是指机身前部安装两个支架，尾翼下方安装一个支架，其优点是陆地上转弯不容易前倾。较为常用的是前三点式起落架，如图 2–1–6 所示。

图 2–1–6　前三点式起落架

二、多旋翼无人机的系统组成

多旋翼无人机的系统组成主要包括以下部分。

1. 飞行器结构子系统

多旋翼无人机的飞行器结构子系统是指整个机身的基本框架，由中心板、折叠件、机臂、电池仓、起落架（脚架）、电动机座等组成，如图 2–1–7 所示，可以装载无人机系统的各种设备和部件等。

2. 动力子系统

多旋翼无人机的动力子系统是由电动机、电子调速器、螺旋桨、动力电池、充电器等构成，它为整个飞行器提供飞行的动力。

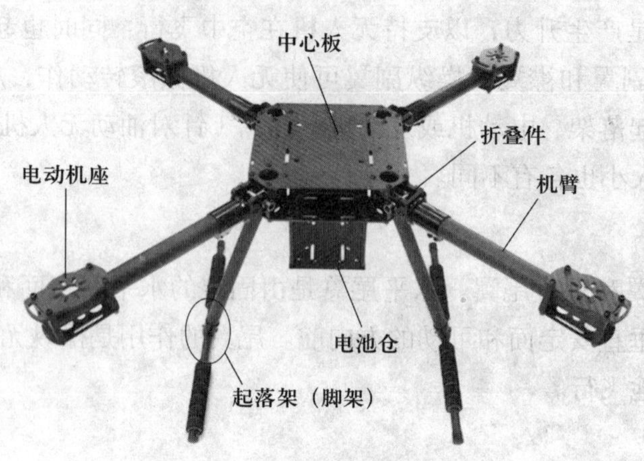

图 2–1–7　无人机机架

3. 任务子系统

多旋翼无人机的任务子系统是实施具体功能的载体，在不同作用的飞行器上其任务设备也明显不同，常见的任务设备有吊舱、云台、可见光相机、红外相机、气体探测仪等。

4. 控制子系统

多旋翼无人机的控制子系统由显示系统、操作系统构成，在显示系统里，通信设备将飞行器的高度、速度、电量、姿态、位置等各种丰富的信息传达到地面，地面操作人员就可以根据显示系统提供的信息对飞行器进行操纵。而在操作系统中，作业人员能够通过操作设备将控制指令传达到多旋翼无人，实施相应的飞行及操作。

5. 通信链路子系统

通信链路子系统由地面端与天空端共同构成，正是由于通信链路的存在，才能实现飞行器信息的实时回传，以及地面人员对飞行器的实时操纵。通信链路子系统包括遥控链路系统、图传链路系统、数传链路系统等。

6. 导航子系统

多旋翼无人机的导航系统可以引导无人机按照指定航线飞行，相当于普通飞行系统中的领航员。它通过 GPS 定位系统和传感器数据为控制系统提供准确的状态反馈，将飞行姿态、速度、位置等数据，结合导航系统进行状态参量（如飞行器的姿态角、速度、位置等）计算，然后根据这些信息调整电动机的转速和螺旋桨的姿态，以保持稳定飞行。

除上述子系统外，多旋翼无人机还需要配备多种传感器、无线通信模块、可编程 LED 灯等设备。多旋翼无人机的典型部件如图 2–1–8 所示。

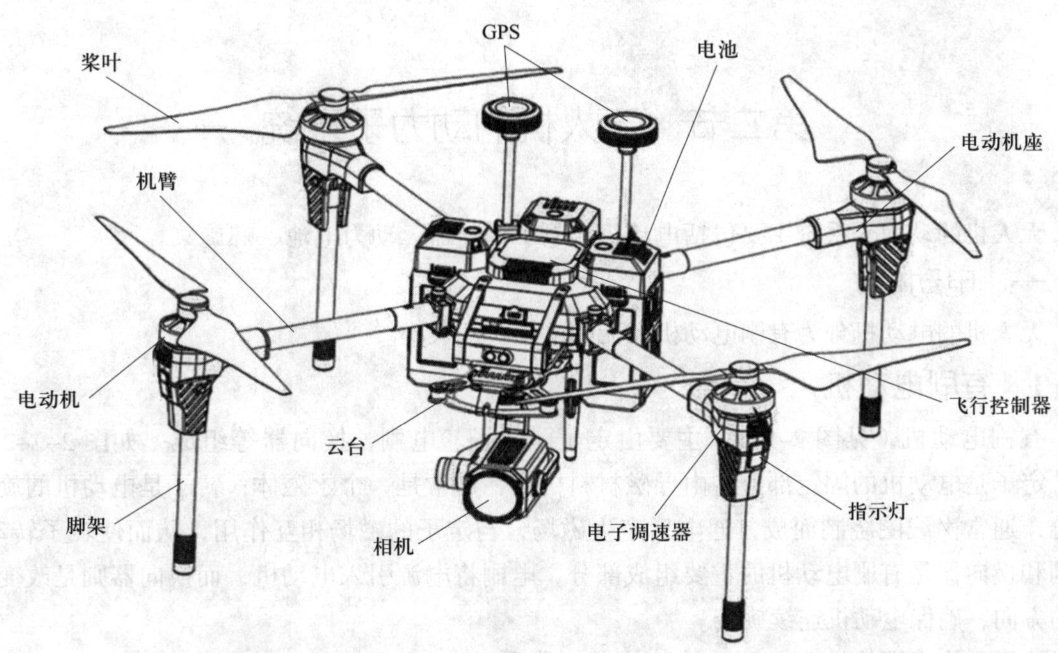

图 2-1-8 多旋翼无人机的典型部件

第二节　无人机的动力子系统

无人机的动力子系统主要包括电动机、电子调速器、动力电池、螺旋桨。

一、电动机

无人机的电动机分为有刷电动机和无刷电动机两大类。

1. 有刷电动机

有刷电动机（见图 2–2–1）主要由定子、转子、电刷、换向器等组成，如图 2–2–2 所示。定子是电动机的固定部分，由导磁材料构成，通常是一个永磁体；转子是电动机的旋转部分，通常由线圈绕制而成，通电后产生磁场，与定子的磁场相互作用，从而使转子转动；电刷和换向器是有刷电动机的重要组成部分，电刷将电源引入电动机，而换向器则是改变电流的方向，确保电动机连续旋转。

线圈和换向器旋转，定子和电刷不转，线圈内电流方向的交替变化是随电动机转动的换向器和电刷来完成的。有刷电动机是直流电进行驱动的，驱动端为正负极两根线。

图 2–2–1　有刷电动机

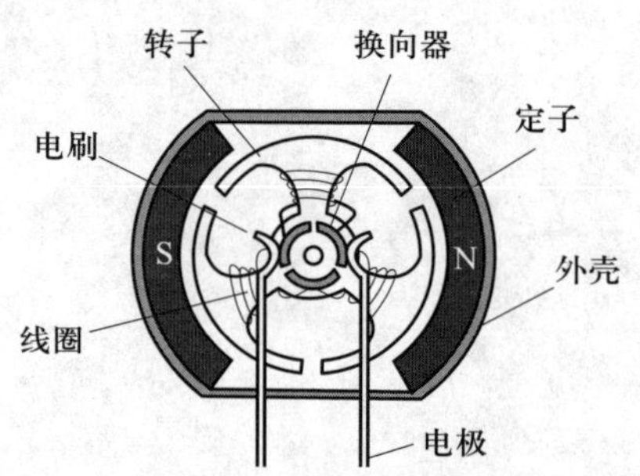

图 2–2–2　有刷电动机的组成

2. 无刷电动机

无刷电动机（见图 2–2–3）主要由定子、转子、传感器等组成。定子由多个导磁体构成，导磁体上绕有线圈；转子是无刷电动机的旋转部分，通常由永磁体和铁芯构成，永磁体产生磁场，与定子的磁场相互作用，从而使转子转动；传感器是无刷电动机的重要组成部分，它通常是一个霍尔传感器，用来检测转子的位置和速度，从而控制定子的电流方向和大小，确保电动机连续旋转。

如图 2–2–4 所示，无刷电动机由电子调速器将直流电转换为三相交流电，并根据电动机中的霍尔传感器进行控制，使电动机正常运转。无刷电动机是交流电进行驱动的，驱动端为三根输入线。

图 2-2-3 无刷电动机

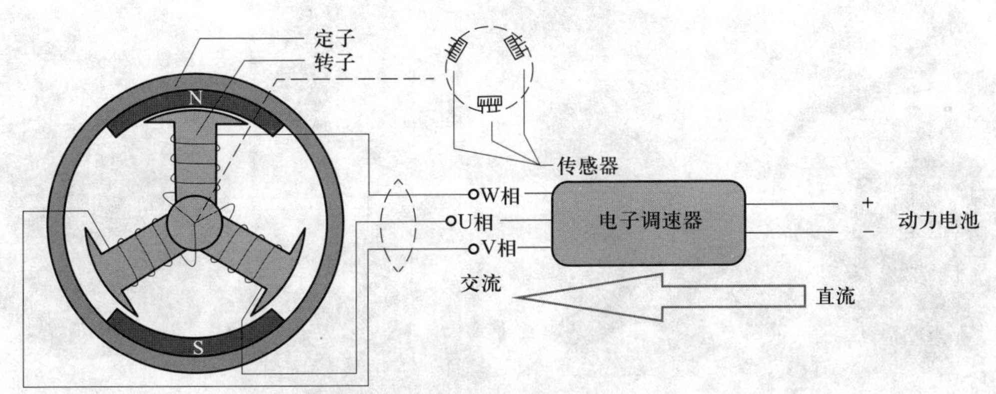

图 2-2-4 无刷电动机的控制原理

无刷电动机没有电刷和转向器的摩擦，噪声低、振动少、发热少、使用寿命长，不需要经常更换电刷，维护简单，没有电刷产生的火花，干扰少，转矩特性优异，中、低速转矩性能好，启动转矩大，启动电流小，它需要配备无刷电子调速器一起才能工作，成本较高，可靠性受电子零件影响，霍尔传感器受到干扰后电动机就会失效。总体来说相比于有刷电动机，无刷电动机的性能更好，所以无人机系统中大多数采用的都是无刷电动机。无刷电动机又分为内转子无刷电动机和外转子无刷电动机两大类。

（1）内转子无刷电动机

如图 2-2-5 所示，内转子无刷电动机的线圈与外壳在外部，且固定不动，转子在线圈内部，和轴一起转动。内转子无刷电动机的特点是外观细长、转速高、转矩小，适合带动高速旋转的小螺旋桨，桨叶或齿轮一般安装在转子的轴上。

（2）外转子无刷电动机

如图 2-2-6 所示，外转子无刷电动机的线圈在内部，且固定不动，转子为电动机的外壳以及外壳内壁上的磁铁，它们与轴一起旋转。外转子无刷电动机的特点是外观短粗、转速低、转矩大，适合带动高速旋转的大螺旋桨，桨叶一般安装在电动机的外壳上，随着外壳一起转动。

无人机一般采用的是外转子无刷电动机。

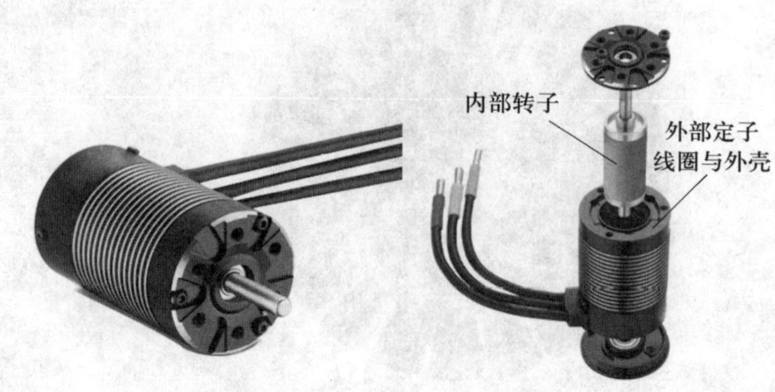

图 2–2–5　内转子无刷电动机

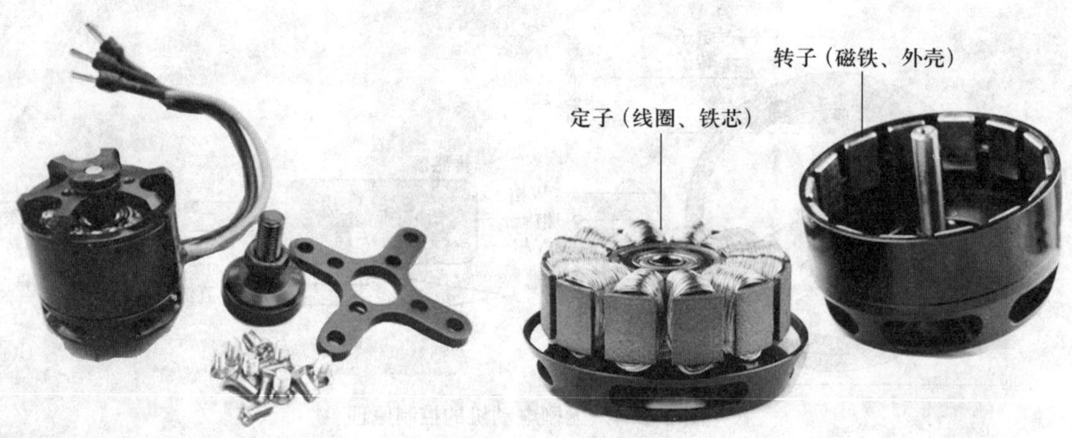

图 2–2–6　外转子无刷电动机

二、电子调速器

如图 2–2–7 所示，电子调速器（简称电调）的主要功能是将动力电池的直流电转换为交流电，驱动无刷电动机运转，通过接收机或飞行控制器的信号指令来控制无刷电动机的转速，带有降压功能的电子调速器可以将动力电池的高电压输入转换为低电压，为飞行控制器、接收机或舵机等设备供电。

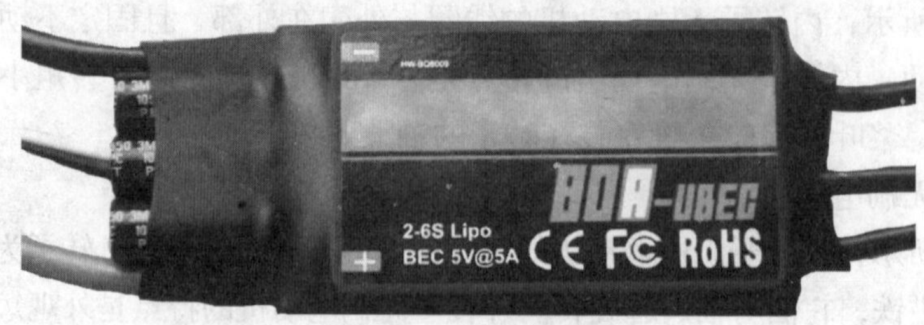

图 2–2–7　电子调速器

1. 电子调速器的连接

（1）检查设备

在开始连接电子调速器之前，需要先对无人机及电子调速器进行检查，确保所有的部件都是完好无损的，没有明显的物理损伤，同时也要检查所有的连接线，确保它们没有被损坏。

（2）电源（电池）接入

电子调速器需要电源（电池）来工作，因此需要接入适当的电源，确保电源电压和电流都在电子调速器接受的范围内，以防止设备损坏。

（3）连接线束

将电子调速器的三根线束（黄色线对应信号线，红色线对应电源正极，黑色线对应电源负极）与电动机对应接口连接好。需要注意的是，连接口的对应关系，以免接错。

（4）连接飞行控制器

将电子调速器连接到飞行控制器的接口上，需要按照飞行控制器的电子调速器连接图进行连接。

如图 2–2–8 所示，电子调速器一端的黑红 2 根粗线连接动力电池，另一端的 3 根粗线连接无刷电动机，3 根细线为信号输入线和低电压输出线，通常连接飞行控制器或接收机。

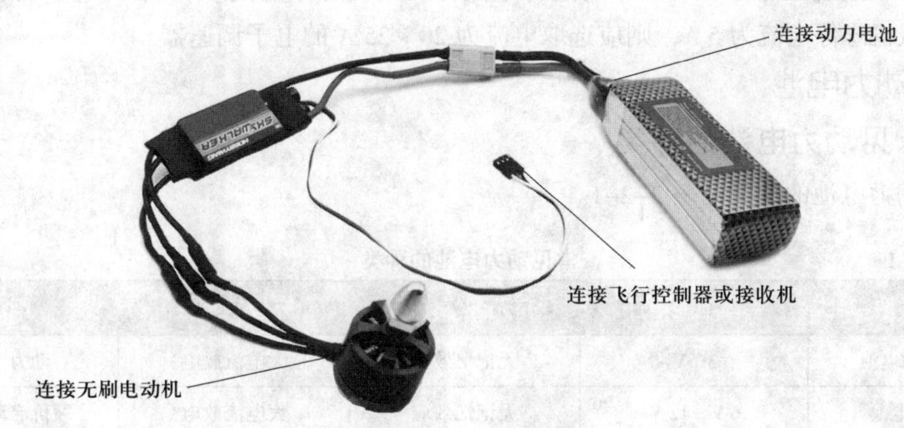

图 2–2–8 电子调速器的连接

（5）参数设置

在连接完成后，需要对电子调速器进行参数设置。这些参数包括控制模式、运行速度、启动 / 停止阈值等。根据实际需求，调整参数以优化设备的运行性能。

（6）油门校准

在连接好电子调速器后，还需要校准无人机的电子油门。油门校准涉及无人机飞行时的安全控制，应务必在安全的地点进行。具体来说，需要将无人机放置在安全、平稳的水平位置上，打开遥控器和无人机电源，然后按下相关按键进入油门校准模式，按照提示步骤进行油门校准即可。

（7）启动测试

完成参数设置、油门校准后，启动电子调速器进行测试。在测试过程中，应密切关注设备的运行状态，检查是否有异常噪声或振动。同时，通过监控系统观察设备的工作数据，确保电子调速器工作正常。

2. 电子调速器的使用方法与注意事项

电子调速器的输入端为直流电，通常为粗的黑红线，连接动力电池，其中红色为正极，黑色为负极，正极、负极不可以接反，否则会烧毁电子调速器。

电子调速器的输入端通常为锂电池供电，其输入端的电压范围有限制，例如“2 ~ 6S Lipo”表示该电子调速器支持锂电池供电，且电压范围为 2S 锂电池 ~ 6S 锂电池（7.4 V ~ 22.2 V）。如果为低于 2S 锂电池供电，则电子调速器无法启动，如果为高于 6S 锂电池供电，则锂电池会被烧毁。

电子调速器的输出端为交流电，通常为 3 根颜色相同的连接线，与无刷电动机相连，3 根线的连接顺序决定了无刷电动机的转动方向，当发现无刷电动机的转动方向反向时，只需要将 3 根连接线中的任意 2 根对调连接即可。

3. 电子调速器的选择

在无人机载重量增大或瞬间加速等极端条件下，其电流会瞬间增大，为保证无人机飞行安全和电子调速器正常工作，通常要选择电流为无人机悬停电流 4 ~ 5 倍的电子调速器。如果测得无人机悬停电流为 5 A，则应选取电流为 20 ~ 25 A 的电子调速器。

三、动力电池

1. 常见动力电池的种类

常见动力电池的种类见表 2–2–1。

表 2–2–1　常见动力电池的种类

电池类型	单体电池电压	有无记忆效应	充放电特性	用途
锂聚合物电池	3.7 V	无记忆效应	大电流放电	动力电源
铅酸蓄电池	6 V、12 V	无记忆效应	大电流放电	廉价启动电源
镍氢电池	1.2 V	弱记忆效应	小电流放电	设备电源
镍镉电池	1.2 V	强记忆效应	大电流放电	早期动力电源

无人机上常用的动力电池为锂聚合物电池，简称锂电池，通常用“Li–po”表示。锂电池具有环保、循环寿命长、电压高、放电电流大、体积小、质量轻等优点，被广泛应用于无人机、手机等电子设备上。

2. 锂电池的特性

（1）保护电压

锂电池的保护电压为 3.6 V，当低于 3.6 V 时会损坏电池，导致电池鼓包、性能下降，这种过度放电被称为“过放”。

（2）标称电压

锂电池的标称电压为 3.7 V，一般来说，标称电压是电池电压的中心电压，在此电压附近充电和放电时电压的变化都很慢、很平稳。

（3）存放电压

锂电池的存放电压又称为保存电压，锂电池内部为活性较强的锂离子，如果长时间以高电压或低电压进行保存，会导致内部锂离子反应产生气体，造成电池鼓包和效率下降，而当电压为 3.8 V 左右时，锂离子活性较为稳定。

（4）满载电压

锂电池充满电时的电压为 4.2 V，即满电电压，充电电压超过 4.2 V，会导致电池鼓包、起火甚至是爆炸，这种过度充电被称为“过充”。

3. 锂电池的结构组成

如图 2–2–9 所示，锂电池主要由电芯、主供电线、平衡头等组成，为满足不同电压和容量的需求，电芯内部采用串联或并联。

平衡头的作用是平衡每片电芯的电压，使得充放电时确保每片电芯的电压都相同，可同时充电同时放电，还可以使用测电器测量每片电芯的电压；主供电线及平衡头作为锂电池输出端，可以为无人机或电子设备供电。

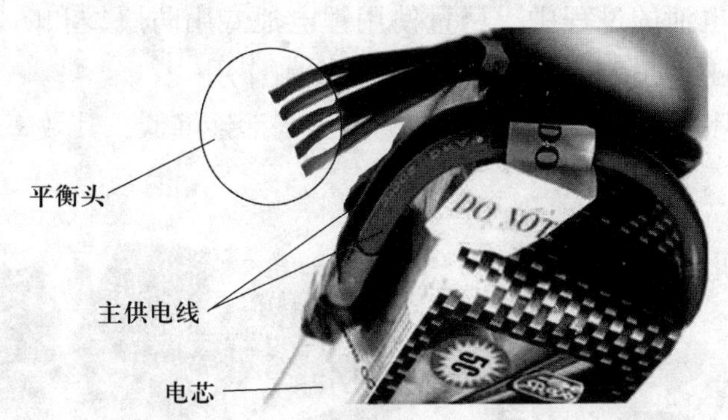

图 2–2–9　锂电池的结构组成

4. 锂电池的内部连接线

如图 2–2–10 所示，一个由 4 片电芯串联组成的锂电池，电源输出端输出的总电压为 4 片电芯的电压之和，每片电芯的首尾引出导线组成平衡头。从平衡头线缆的数量可以看出电芯的数量。

5. 锂电池的使用和保养

锂离子的化学性质较为活泼，通常是用密封材料密封在电芯内的，一旦摔破或刺破密封材料将导致锂离子接触到空气，容易发生起火或爆炸事故，所以在使用锂电池的过程中应轻拿轻放，不要重摔或刺破锂电池的密封材料。

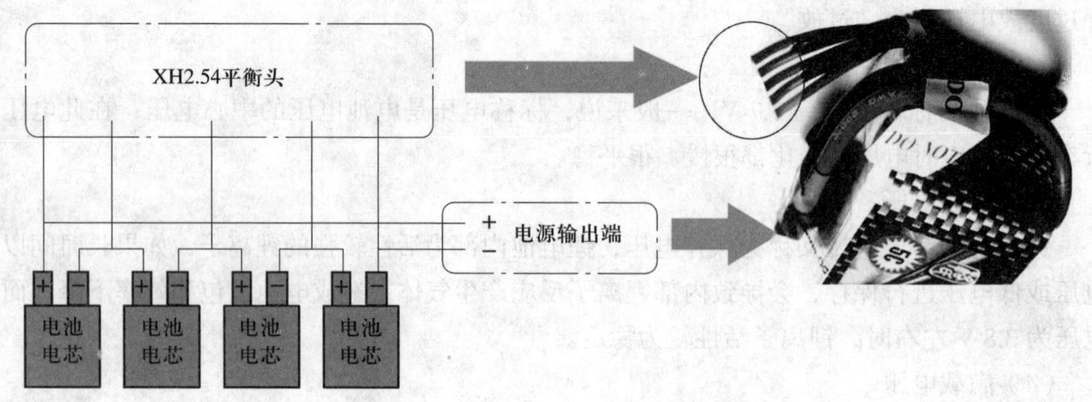

图 2–2–10　锂电池的内部连接线

锂电池的放电系数和放电电流较大，所以千万不能发生短路现象，短路会使电池电流瞬间增大，发生起火或爆炸事故。

在使用锂电池的过程中不要过度放电，使单体电池电压低于 3.6 V；充电时也不要过度充电，使单体电池电压高于 4.2 V，否则电池容易鼓包，影响电池的使用效率和工作寿命。

在保存锂电池的过程中，尽量将单体电池电压维持在 3.8 V 左右进行保存，过高和过低的电压都会导致电池鼓包，影响电池的使用效率和工作寿命。

在运输或储存锂电池的过程中，尽量使用锂电池专用防爆袋和防爆箱（见图 2–2–11）。锂电池防爆箱具有防碰撞、隔绝空气、阻燃、防爆等作用。

若长期处于低温环境下，会导致锂电池的锂离子活性降低，其效率也会降低。

a）　　　　　　　　b）

图 2–2–11　锂电池专用防爆袋和防爆箱

a）电池防爆袋　b）电池防爆箱

6. 锂电池的安全注意事项

（1）断电注意事项

1）在断电前，应确保无人机已经安全降落并停止移动，以避免对无人机或人员造成意外伤害。

2）断电时，应先关闭无人机的电源开关，然后再拔掉锂电池插头，以避免对锂电池造成损坏。

3）断电后，应等待一段时间，待锂电池完全冷却后再进行拆卸和搬运。

（2）充电注意事项

1）充电前，应检查锂电池的电压和电量，确保锂电池处于良好的工作状态。

2）充电时，应使用原装充电器进行充电，确保充电器符合无人机和锂电池的规格要求。

3）充电时，确保环境通风良好，避免高温环境，以防止锂电池过热。

4）避免在雨天或潮湿环境中充电，以防发生触电危险。

5）充电时，应定期检查充电器的温度和湿度，确保其在正常范围内。

6）充电时，应严格按照锂电池的充电要求进行操作，避免过充或欠充。

7）充电时，应确保无人机的电源线连接牢固，无裸露部分，以免造成短路或触电事故。

8）充电后，应先检查无人机的各项功能是否正常，如有问题应及时处理。

（3）锂电池调试

1）锂电池的调试应在专业人员的指导下进行，以免对锂电池造成损坏。

2）调试时应遵循锂电池的规格和参数，避免超出其承受范围。

3）调试时应保持工作场所清洁干燥，以免对锂电池的安全性能造成影响。

4）调试后应按照要求对锂电池进行充电和存放，以保证其工作寿命。

（4）锂电池的使用期限

1）锂电池有一定的工作寿命，建议在使用期限内使用，避免过期使用。

2）如发现锂电池性能明显下降或出现容量降低、自放电等现象，应及时更换新的锂电池。

3）过期或损坏的锂电池应交由专业机构回收处理，以防止环境污染和产生安全隐患。

7. 新型智能的锂电池

如图 2–2–12 所示，随着电池技术的发展，新型智能的锂电池诞生，其在传统锂聚合物电池的基础上增加了电源管理模块，可以定期将锂电池自动放电到合适电压，避免电压过高导致电池鼓包，而且增加了电量指示灯，可以更加直观地显示剩余电量，不再需要使用测电器来测量电池剩余电量，也增加了功能按键，可实现锂电池的开机和关机等功能。

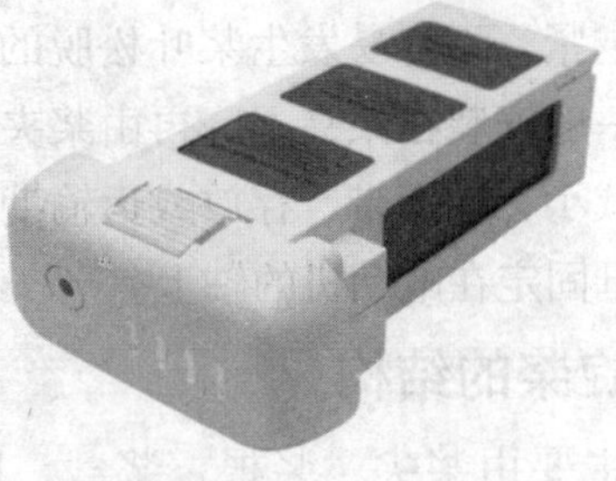

图 2–2–12 新型智能的锂电池

四、螺旋桨

螺旋桨是指依靠桨叶在空气或水中旋转，将发动机转动功率转化为推进力的装置。

1. 螺旋桨的分类

（1）按照材质分类

按照材质分类，螺旋桨可分为塑胶桨、尼龙桨、碳纤维桨、木桨等，如图 2–2–13 所示。

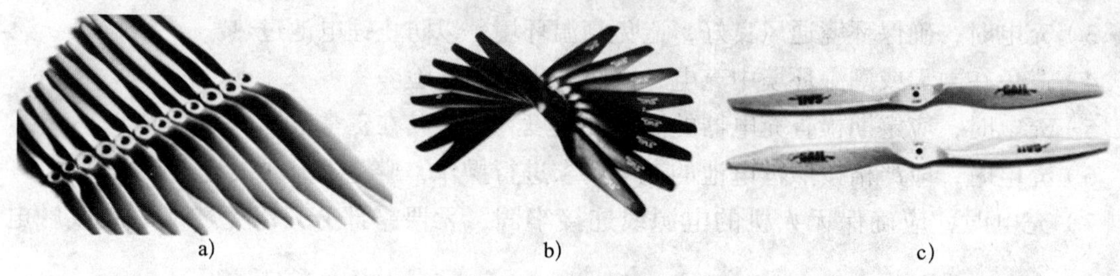

图 2–2–13 常见螺旋桨的材质
a）塑胶桨、尼龙桨 b）碳纤维桨 c）木桨

塑胶桨、尼龙桨的优点是价格便宜，其缺点是刚度低，容易发生形变，多使用在低端无人机上；碳纤维桨的优点是刚度较大，颤振小，传动效率高，其缺点是价格较高，相对较脆弱，轻微磕碰就可导致桨叶开裂或损坏；木桨的优点是刚度大，颤振小，其缺点是质量比碳纤维桨大，传动效率较低。

（2）按照结构分类

按照结构分类，螺旋桨可分为自锁桨、折叠桨、直桨等，如图 2–2–14 所示。

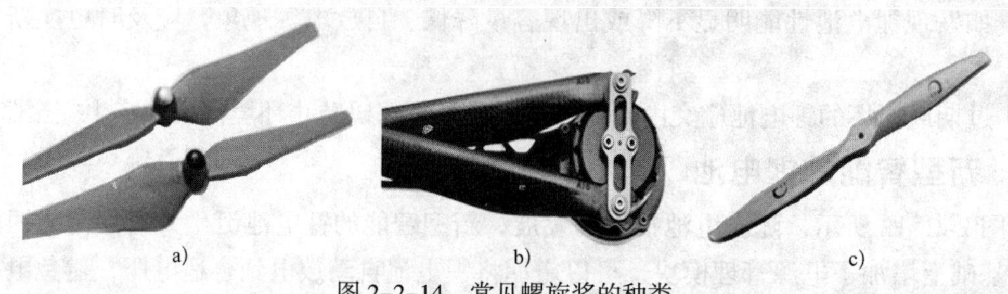

图 2–2–14 常见螺旋桨的种类
a）自锁桨 b）折叠桨 c）直桨

自锁桨一般在桨叶中心位置内嵌有螺母，与电动机轴上的螺纹相配合，自锁桨的最大特点是越转越紧，不容易发生桨叶松脱的情况，并且拆装方便，拆除后可以减小无人机的体积；折叠桨一般安装在桨夹上，再由桨夹固定在电动机上，其最大的优点是可以折叠，使无人机的体积减小，在携带、存放或运输期间可以节省空间；直桨是最常见的螺旋桨，一般通过螺钉或螺母固定在电动机的轴上。

2. 螺旋桨的结构

螺旋桨主要由桨尖、桨根、桨毂、叶柄等组成，桨毂的主要作用是固定螺旋桨，如图 2–2–15 所示。

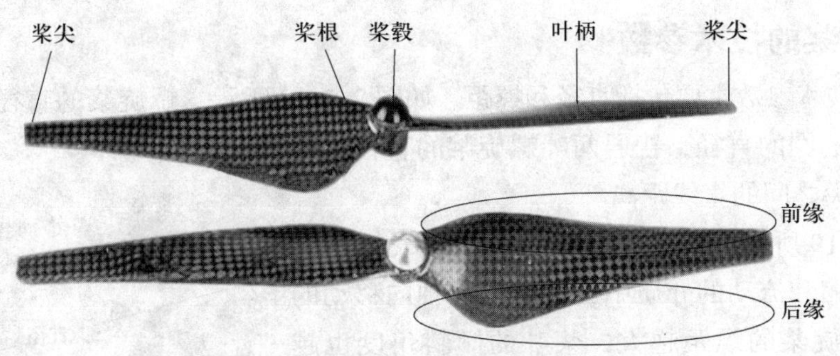

图 2–2–15 螺旋桨的结构

如图 2–2–15 所示，螺旋桨与机翼相似，也有前缘和后缘之分，螺旋桨桨叶旋转时，先接触空气的边称为桨叶前缘，后接触空气的边称为桨叶后缘。同时，桨叶的横截面通常也与机翼的横截面相似，也具有一定的翼形，用来提供升力，如图 2–2–16 所示。

图 2–2–16 桨叶的翼形

3. 螺旋桨的几何参数

如图 2–2–17 所示为螺旋桨剖面示意图，其主要几何参数见表 2–2–2。

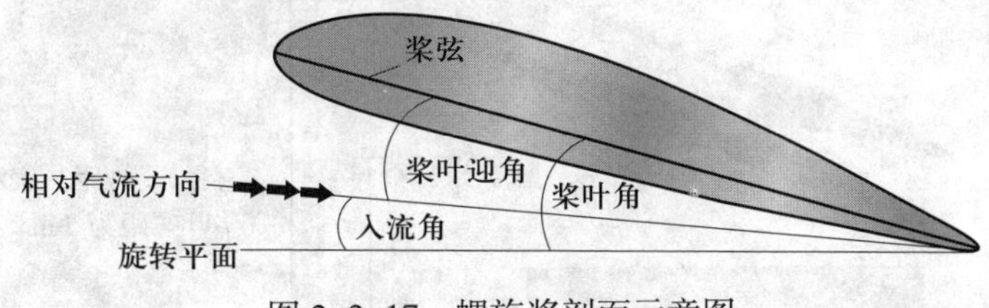

图 2–2–17 螺旋桨剖面示意图

表 2–2–2 螺旋桨的主要几何参数

几何参数	说明
桨弦	桨叶前缘到后缘的距离
桨叶迎角	桨弦与相对气流方向之间的夹角
桨叶角	桨弦与旋转平面之间的夹角
入流角	相对气流方向与桨叶旋转平面之间的夹角

4. 螺旋桨的技术参数

螺旋桨的技术参数主要包括直径和螺距。如图 2–2–18 所示，螺旋桨的直径是指螺旋桨桨尖旋转所形成的圆的直径，普通两叶螺旋桨的直径就是螺旋桨两个桨尖之间的直线距离。

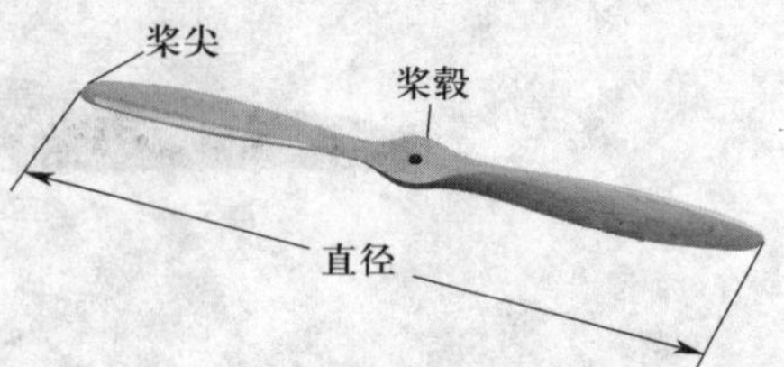

图 2–2–18　螺旋桨的直径

如图 2–2–19 所示，螺旋桨的螺距是指假设螺旋桨在一种不可压缩和流动的介质中旋转一周在轴向移动的距离。通常螺旋桨的螺距越大，桨叶的倾斜角度也越大，同样旋转一周，螺距越大的螺旋桨前进的距离会更远，也就是螺距越大的螺旋桨，其飞行速度越快。

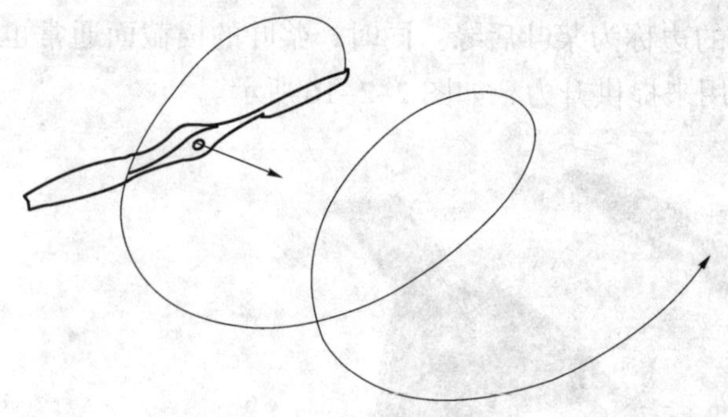

图 2–2–19　螺旋桨的螺距

5. 螺旋桨的型号规格

螺旋桨的型号规格见表 2–2–3。

表 2–2–3　　螺旋桨的型号规格

型号规格	图示	说明
15 × 5	型号：15×5 直径：15 in 螺距：5 in	直径 × 螺距，表示桨叶直径为 15 in，桨叶螺距为 5 in
1555	型号：1555 直径：15 in 螺距：5.5 in	直径＋螺距，前两位数字表示桨叶直径，后两位数字表示桨叶螺距，即桨叶直径为 15 in，桨叶螺距为 5.5 in（通常桨叶呈细长状，所以一般螺距要远小于直径，螺距不可能为 55 in，而是 5.5 in）

需要注意的是，在桨叶的型号规格中，使用的单位通常为英寸（1 in=2.54 cm=25.4 mm），可通过转换公式进行转换。

6. 螺旋桨的分类方法

（1）正桨和反桨

通常规定，从俯视角度观察螺旋桨逆时针转动为正桨，顺时针转动为反桨，如图 2-2-20 所示。

正桨逆时针转动可以表示为 CCW（counter clock wise）桨，意为逆着时针转动的方向，反桨顺时针转动可以表示为 CW（clock wise）桨，意为顺着时针转动的方向，如图 2-2-21 所示。

反桨还有另外一种表达方式，有些桨叶上标注有“R”，R 是英文 reverse 的首字母，是反向的意思，即为反桨，反桨沿着顺时针转动；而正桨上则没有标注“R”，如图 2-2-22 所示。

（2）自锁桨

某些自锁桨的桨叶上并未标注“CCW”或“CW”，也没有标注“R”，但是标注了桨叶锁定的方向，以及桨叶解除锁定、拆卸的方向，而且桨叶与电动机上都有明显的颜色区分，带有黑色圈的桨叶安装在带有黑色标记的电动机上，带有银色圈的桨叶安装在银色的电动机上，这样正桨与反桨的安装就不会出错，拆卸桨叶也很方便快捷，如图 2-2-23 所示。

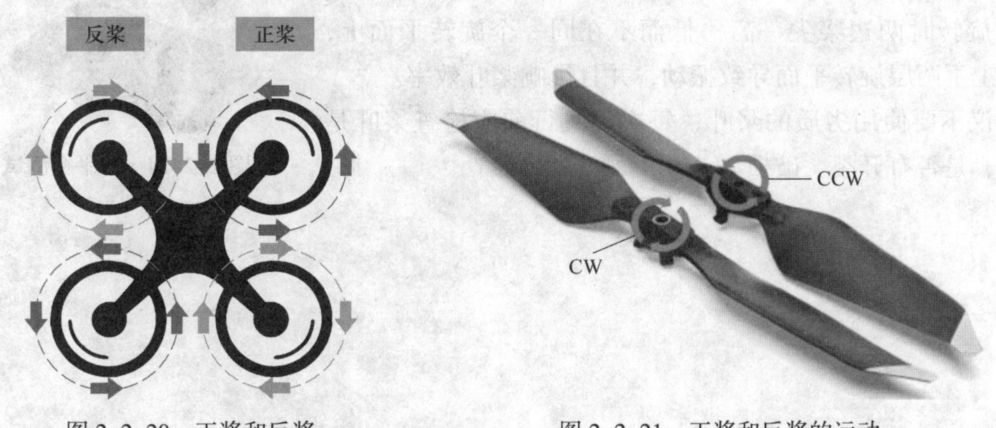

图 2-2-20 正桨和反桨

图 2-2-21 正桨和反桨的运动

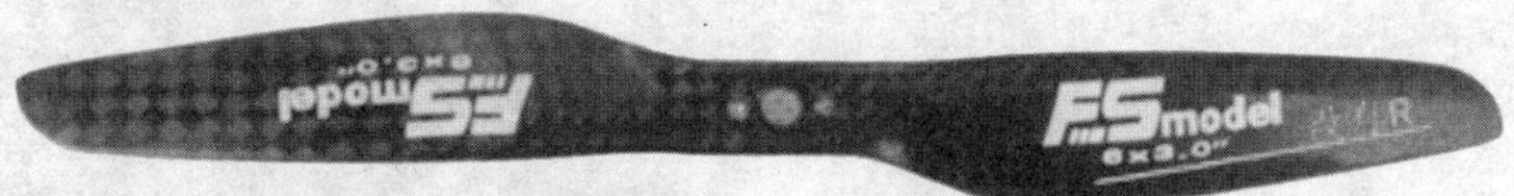

a)

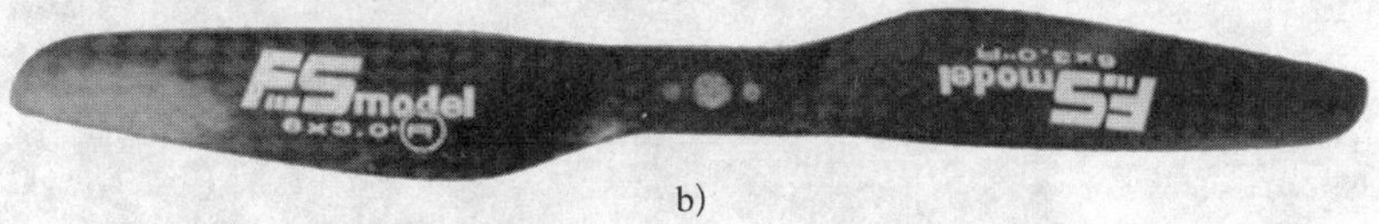

b)

图 2-2-22 反桨的另外一种表达方式

a）正桨 b）反桨

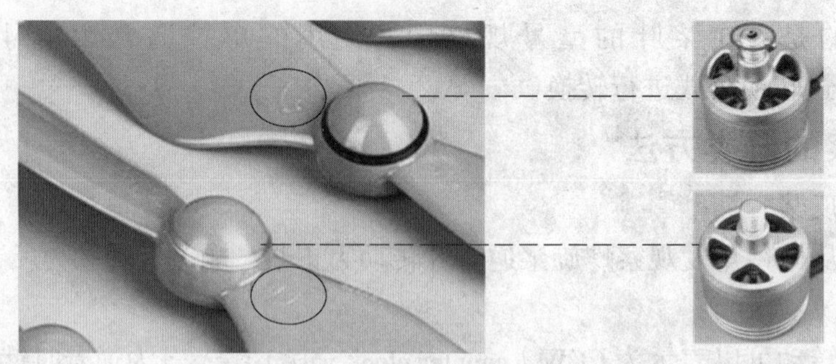

图 2–2–23　自锁桨的标注

7. 螺旋桨的动平衡与静平衡

螺旋桨的静平衡是指桨叶在静止状态下是否保持平衡，通常是将桨叶放置在静平衡测试仪（见图 2–2–24）上，观察桨叶某一端是否下沉，下沉则表示这一端的桨叶质量偏大，可以用砂纸等对这一端桨叶进行打磨，直至桨叶保持水平。

图 2–2–24　静平衡测试仪

螺旋桨的动平衡是指桨叶在转动过程中是否保持平衡，主要查看桨叶是否振动，是否有“双桨”的现象，如有振动需要做桨叶动平衡进行调整；如果有“双桨”的现象，则说明桨叶桨毂的旋转中心有偏心的情况或桨叶有变形，导致螺旋桨在旋转时两边桨尖一高一低而不在同一个旋转平面上，会产生上下两层旋转平面导致振动，并且影响桨叶效率。

建议不要使用劣质的桨叶，每次起飞行前应检查桨叶是否完整，是否有开裂、破损。

第三节　无人机的飞行控制器

一、飞行控制器概述

飞行控制器简称飞控，是用于无人机起飞、巡航、降落等阶段辅助或全自主对无人机的其他系统及元器件起到协同控制的部件，飞控又被称为无人机的“大脑”，常用的飞控如图 2–3–1 所示。

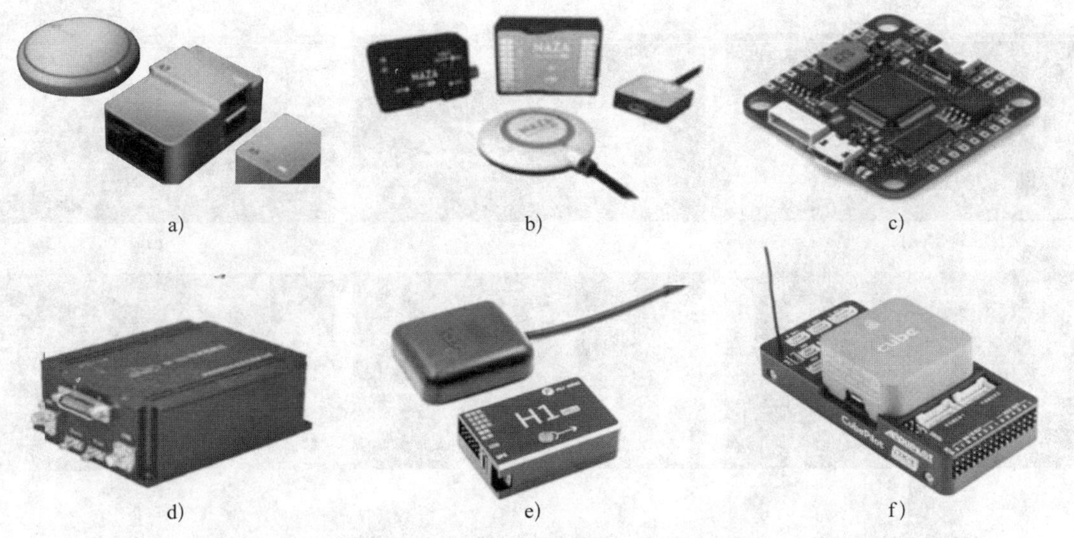

a)　b)　c)　d)　e)　f)

图 2–3–1　常用的飞控

a）大疆 A3 植保机飞控　b）大疆 NAZA–V2 多旋翼飞控　c）开源 F4–V3 穿越机飞控

d）纵横 NP–100 垂起飞控　e）FlyWing–H_1 直升机飞控

f）赫星 PIXHAWK 开源飞控

在控制无人机飞行的过程中，飞控感知无人机的飞行高度、飞行速度、飞行角度及位置信息，按照预先设定好的飞行计划或临时接收的飞行指令，控制无人机的不同系统做出相应的动作，对于固定翼无人机是调整舵面、飞行速度等，对于多旋翼无人机是调整各个动力的输出功率等，从而达到改变无人机飞行姿态的目的。

飞控通常与惯性测量单元（IMU）、气压计、磁罗盘、空速管、GPS、光流传感器、超声波传感器等一系列传感器共同组成飞行控制系统一同使用。一般 IMU、气压计、磁罗盘集成在飞控的主板上，而空速管、GPS、光流传感器、超声波传感器等为外部传感器，通常是独立的模块，如图 2–3–2 所示。

飞控也常被用于无人车、无人船、仿生机器人等多个领域，所以通常飞控又被称为“自动驾驶仪”，简称“自驾仪”，如图 2–3–3 所示为飞控（自驾仪）的应用范围。

a)　　b)　　c)

图 2-3-2　飞控组件

a）空速管和空速计　b）光流传感器　c）超声波传感器

a)　　b)　　c)

d)　　e)　　f)

图 2-3-3　飞控（自驾仪）的应用范围

a）空中机器人　b）地面机器人　c）水面机器人　d）水下机器人

e）太空机器人　f）仿生机器人

二、典型的飞控

飞控的发展过程是从最初的满足基本飞行、控制姿态稳定，到后来的集成各传感器可以进行自主飞行，再到后来的具备智能图像识别技术、自主避障、自动追踪、集群化飞行等。

1. 典型的开源飞控

第一代开源飞控系统使用 Arduino 或其他类似开源电子平台为基础，扩展连接各种 MEMS 传感器，能够让无人机平稳地飞起来，其主要特点是模块化和可扩展能力。

第二代开源飞控系统大多拥有自己的开源硬件、开发环境和社区，采用全集成的硬件架构，其主要特点是高度集成、高可靠性，其功能已经接近商业自动驾驶仪。

第三代开源飞控系统将会在软件、人工智能以及云应用方面进行革新，加入集群飞行、图像识别、自主避障、自动跟踪飞行等高级飞行功能，向机器视觉、集群化、开发过程平台化的方向发展。

典型的开源飞控代表有 CC3D、APM 飞控、PIX 飞控等，如图 2-3-4 所示。

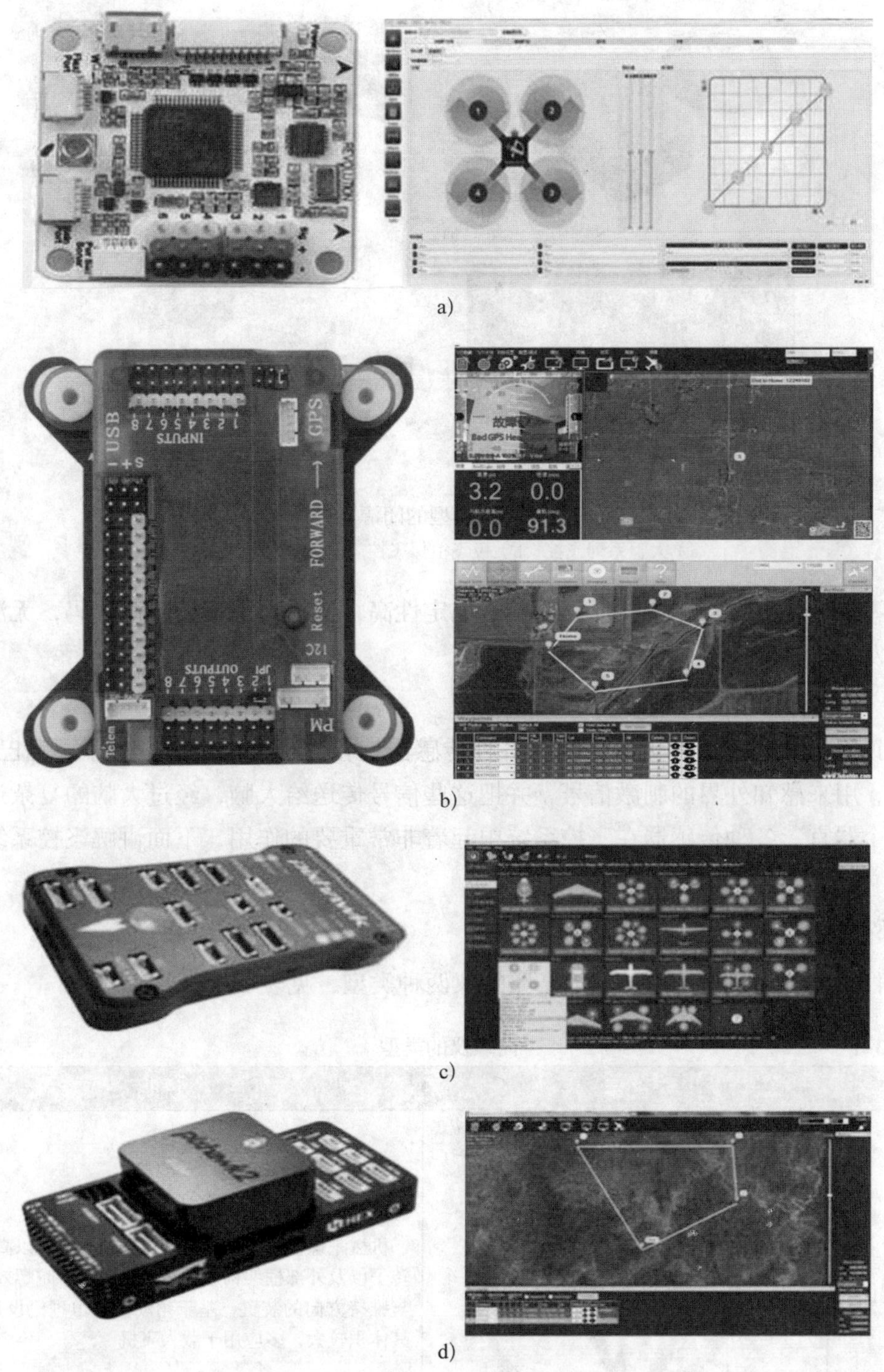

a)

b)

c)

d)

图 2-3-4 典型的开源飞控

a）CC3D 飞控及调参软件 b）APM 飞控及调参软件

c）PIXHAWK 1 代飞控及调参软件 d）PIXHAWK 2 代飞控及调参软件

2. 典型的闭源飞控

典型的闭源飞控代表有大疆系列飞控、极飞植保飞控、拓攻 T1 飞控等，如图 2–3–5 所示。

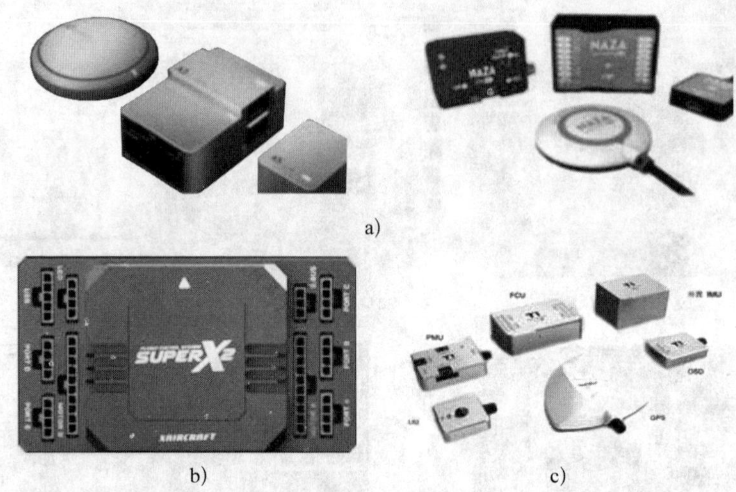

a)

b)　　c)

图 2–3–5　典型的闭源飞控

a）大疆系列飞控　b）极飞植保飞控　c）拓攻 T1 飞控

闭源飞控的优点是操作调试界面简单、稳定性高，其缺点是不公开源代码，无法进行二次深度开发。

三、常用的飞控传感器

如果说飞控相当于人的大脑，那么各种传感器就相当于人的眼睛、鼻子、嘴巴、耳朵、手等器官，用来感知外界的刺激信号，并把这些信号传送给大脑，经过大脑的复杂运算，再反馈给各个器官，各种传感器在飞控系统中起着非常重要的作用，下面讲解飞控系统中常用的传感器。

1. 陀螺仪

陀螺仪主要分为机械陀螺仪和电子陀螺仪两种类型，见表 2–3–1。

表 2–3–1　　陀螺仪的类型

类型	图示	说明
机械陀螺仪	转子 框架结构	机械陀螺仪主要是由一个位于轴心且可以高速旋转的转子以及外部框架构成的，它是利用“陀螺效应”传感与维持方向的装置，基于角动量守恒理论设计出来的，其体积较大，多应用于载人飞机

续表

类型	图示	说明
电子陀螺仪		电子陀螺仪集成了数模信号转换模块、三轴加速度陀螺仪、三轴加速度计、运算核心模块、温度传感器模块等，其具有体积小、质量轻、精度高等特点

2. 气压传感器

在不同高度下大气的压力不同，气压计可以通过气压传感器测得在某一高度下的气压值，再经过校准和计算，推算出某一点的高度。如图 2-3-6 所示为 MS5611 气压传感器。

图 2-3-6 MS5611 气压传感器

3. 磁罗盘传感器

地球周围分布着磁场，磁罗盘传感器通过测得某一点的地球磁场方向来推算出无人机机头所指的方向，与指南针的原理相似。如图 2-3-7 所示为 HMC5883L 三轴数字罗盘传感器。

4. 超声波测距仪

超声波测距仪是利用发出超声波再接收障碍物反射回来的超声波所用的时间长短来计算出与障碍物之间的距离。如图 2-3-8 所示为 HC-SR 04 超声波传感器。

图 2-3-7 HMC5883L 三轴数字罗盘传感器

a）三轴数字罗盘 HMC5883 b）带有 HMC5883 的电路板

5. 光流传感器

光流传感器利用传感器上的摄像头采集地面上的图像，根据图像中不同颜色物体轮廓位置的变化来确定无人机的位置变化情况，通过图像检测无人机与地面的相对位置，从而监测无人机的飞行情况。光流传感器主要用于保持无人机的水平位置不变，以及在室内无 GPS 卫星信号定位的情况下，实现无人机的定高和定点飞行。如图 2–3–9 所示为 PX4Flow 光流传感器。

图 2–3–8　HC–SR 04 超声波传感器

图 2–3–9　PX4Flow 光流传感器

四、飞控算法

1. 卡尔曼滤波算法

卡尔曼滤波算法是由一种利用线性系统状态方程，通过系统输入、输出观测数据，对系统状态进行最优估计的算法，由于观测数据中包括系统中的噪声和干扰的影响，所以最优过程也可看作是滤波过程，如图 2–3–10 所示。在实际应用中，就是利用卡尔曼滤波算法将无人机上的各类传感器测得的不利因素通过算法过滤掉，使无人机始终保持在最稳定的飞行状态，例如机身高频振动、外界风力导致的机身倾斜等。每一个飞控厂家的算法、逻辑和参考值都各不相同，这就是为什么有些飞控在无风环境下都无法稳定悬停，而有些飞控能够在恶劣的环境下稳定飞行的原因。

2. PID 算法

PID（比例、积分、微分）控制器是一种线性控制器，它主要根据给定值和实际输出值构成控制偏差，然后利用偏差给出合理的控制量。PID 控制实际中也有 PI 和 PD 控制。PID 控制器就是根据系统的误差，利用比例、积分、微分计算出控制量进行控制。

P 值：比例，设置飞控修正补偿的频率，它决定无人机倾斜多少角度时飞控开始修正，P 值越大，飞控在越小的倾斜角度开始修正，修正次数增加。

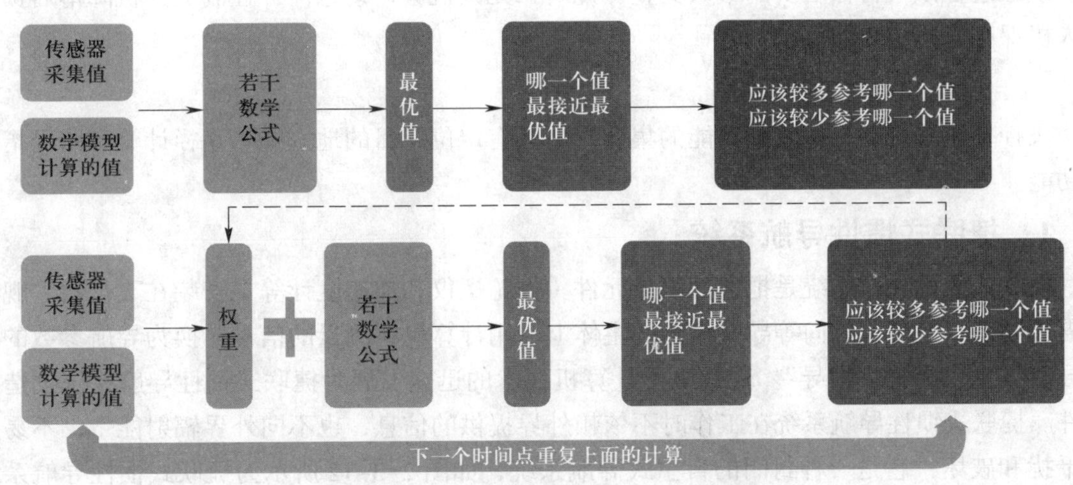

图 2–3–10 卡尔曼滤波算法的计算过程

I 值：积分，设置飞控修正补偿的强度，它决定飞控修正到位的快慢，I 值越大，修正到位越快。

D 值：微分，设置飞控修正补偿的幅度，它决定飞控修正的角度大小，D 值越大，修正角度越大。

如图 2–3–11 所示为 PID 调试界面。

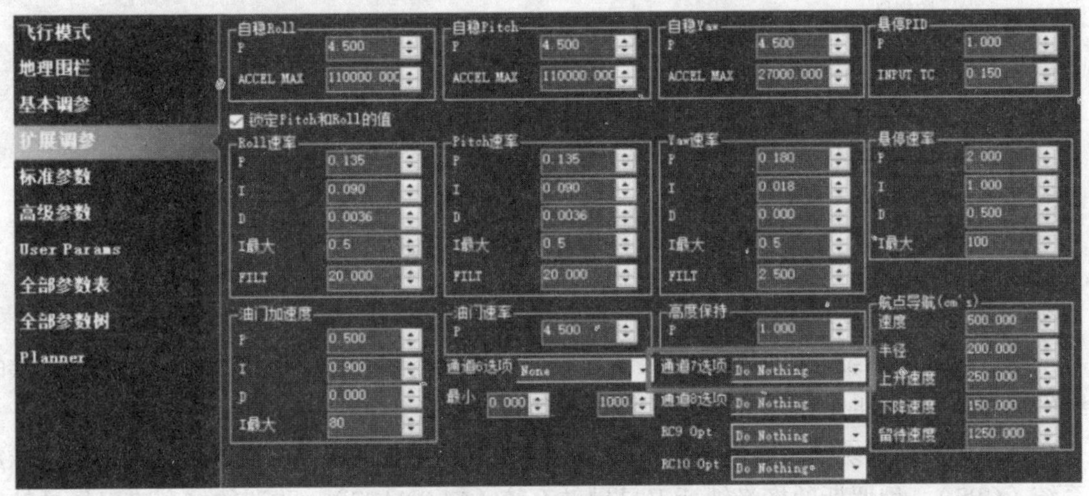

图 2–3–11 PID 调试界面

PID 调参的方法较难，需要不停进行尝试，在飞行过程中逐渐增大或减小 P、I、D 的值，直至无人机飞行稳定力度适中、刹车稳定力度适中、悬停稳定不漂移。此方法又称为“手动调参”，较为依赖操作者的经验、手感和判断，很难将无人机调整到最合适的参数。所以在实际飞行中一般会采用“自动调参”模式，将“通道 7 选项”内“Do Nothing”改为“Auto turn”，再将遥控器上的一个开关定义为 7 通道即可。当无人机起飞悬停后，拨动此开关无人机即可进入“自动调参”模式，无人机会自动进行俯仰、横滚、偏航的测试，直至找到一组最适合该飞行器自身的参数为止，此时，无人机会自动悬停，控制无人机降落后锁定无人机保存上述参数即可。

五、飞控导航系统

飞控导航系统是一些基础功能的集合，它具有定位、目的地选择、路径计算和路径指导等功能。

1. 捷联式惯性导航系统

捷联式惯性导航系统是把惯性测量元件（如陀螺仪和加速度计等）安装在飞行器、舰艇等需要姿态、速度、航向等导航信息的主体上，用计算机将测量的信号转换为导航参数的一种导航技术，简称“惯导”。现代电子计算机技术的迅速发展为捷联式惯性导航系统创造了条件。捷联式惯性导航系统在工作时不依赖外界提供的信息，也不向外界辐射能量，不易受到干扰和破坏，它是一种封闭的自主式导航系统，如图 2–3–12 所示为捷联式惯性导航系统的组成。

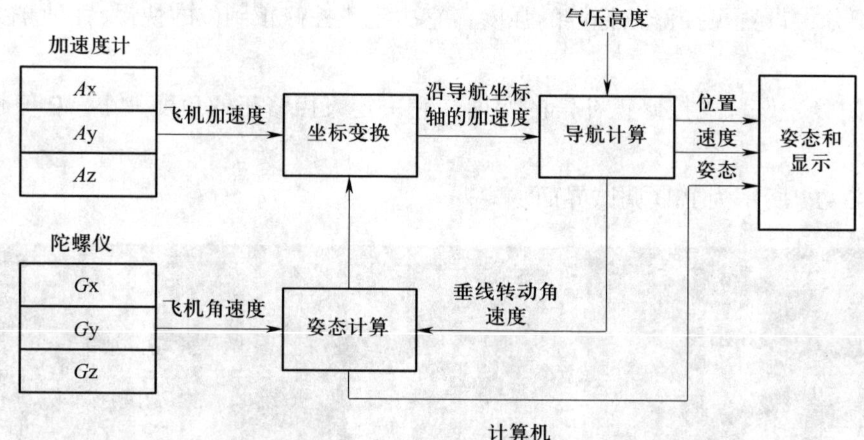

图 2–3–12　捷联式惯性导航系统的组成

2. 全球卫星导航系统

全球卫星导航系统通过多颗卫星在地球表面或近地空间的任何地点为用户提供全天候的三维坐标和速度以及时间信息的空基无线电导航定位服务。

全球卫星导航系统国际委员会公布的全球 4 大卫星导航系统供应商，包括美国的全球定位系统（GPS）、俄罗斯的格洛纳斯卫星导航系统（GLONASS）、欧洲的伽利略卫星导航系统（GALILEO）和中国的北斗卫星导航系统（BDS）。

全球卫星导航系统在无人机的应用主要为自主飞行控制。无人机依靠机载飞行控制系统和机上的设备实现按照程序、沿预定航线的飞行控制。在飞行过程中利用各类传感器实时获取无人机的姿态、方向、位置、高度、速度等信息，经飞控管理计算机对参数的计算推演后，通过自动驾驶仪控制各活动翼面，调整油门，适时修正无人机的姿态、航迹，使其按照预先设置好的任务航线飞行。

第四节 无人机的通信链路系统

如图 2–4–1 所示，无人机的通信链路系统包括遥控链路系统（遥控系统）、数据传输链路系统（数传系统）、图像传输链路系统（图传系统）共三大链路系统。

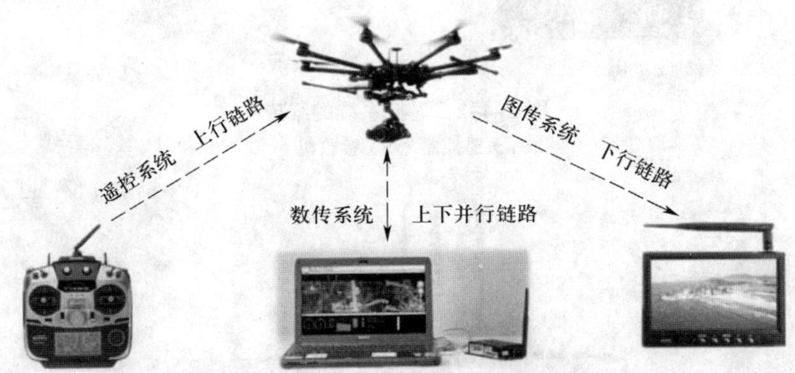

图 2–4–1 无人机的通信链路系统

遥控系统为上行链路，将遥控器的控制指令通过无线电传输到无人机天空端的接收机上，从而控制无人机的飞行。

图传系统为下行链路，将无人机天空端上的摄像头采集的图像数据通过无线电传输到地面端的显示设备上进行显示。

数传系统为上下并行链路，它既有地面端发送给无人机天空端的控制指令、航路点参数、路径控制等的上行链路，又具有将无人机天空端各种传感器采集的数据（如位置、高度、速度、姿态角度、温度、距离等）发送到地面端的下行链路。

一、遥控系统

1. 遥控系统的组成

如图 2–4–2 所示，遥控系统通常包括地面端的遥控器和无人机天空端的接收机两部分。

遥控器是将摇杆或开关的动作指令转换为无线电波信号发送给无人机天空端的接收机，接收机收到信号后，控制相应通道的执行机构执行动作，其主要用于在视距内对无人机进行手动操纵，遥控器与接收机应配套使用，在使用之前需要进行对码，使它们锁定在同一无线电频率下，才可以进行一对一的控制。常用的遥控器频率为 2.4 GHz 和 433 MHz。

2. 遥控器的组成

如图 2–4–3 所示，遥控器包括左摇杆、功能菜单、电源开关、显示屏、选择及确定键、右摇杆、开关及旋钮、天线等。

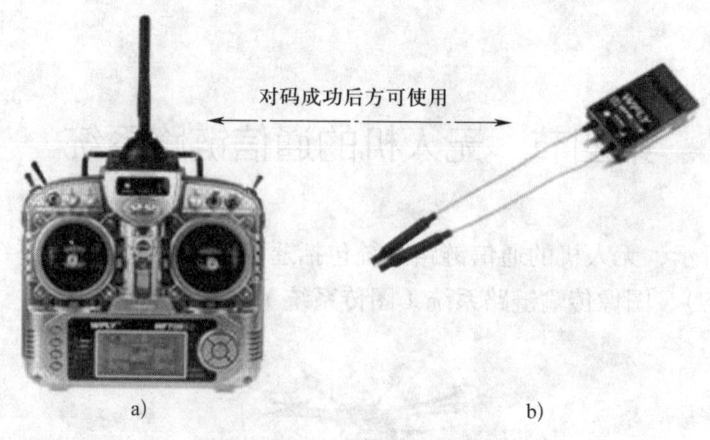

图 2–4–2　遥控系统的组成

a）遥控器　b）接收机

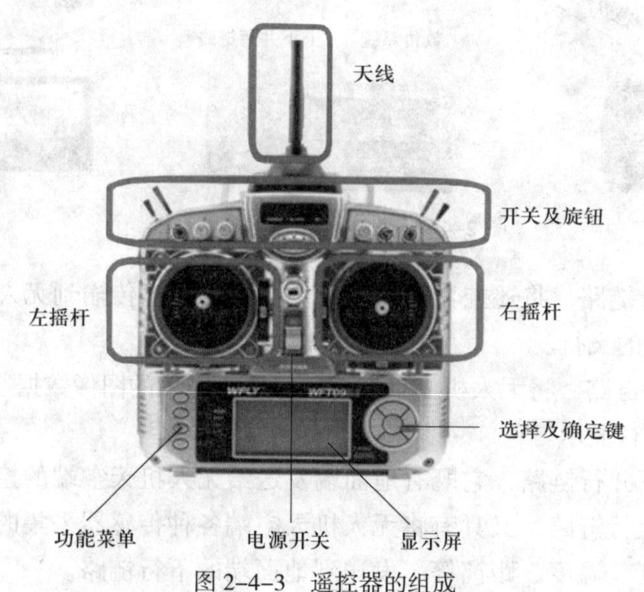

图 2–4–3　遥控器的组成

3．遥控器的基本通道

遥控器的基本通道主要包括 4 个，见表 2–4–1。

表 2–4–1　遥控器的基本通道

基本通道	说　明
1 通道	副翼通道（固定翼无人机中控制横滚，多旋翼无人机中控制左右平移）
2 通道	升降通道（固定翼无人机中控制俯仰，多旋翼无人机中控制前后平移）
3 通道	油门通道（固定翼无人机中控制速度，多旋翼无人机中控制上下高度）
4 通道	方向通道（固定翼无人机中控制偏航，多旋翼无人机中控制机头偏航）

除上述 4 个通道外，其他通道可以自由设置，例如 5 通道可以设置为收放起落架、模式切换、一键返航等功能。

4. 遥控器的遥控方式

遥控器的遥控方式通常可分为“美国手”和“日本手”。“美国手”遥控方式的 3 通道油门通道在左边摇杆，“日本手”遥控方式的 3 通道油门通道在右边摇杆，其他通道位置均相同，如图 2–4–4 所示。

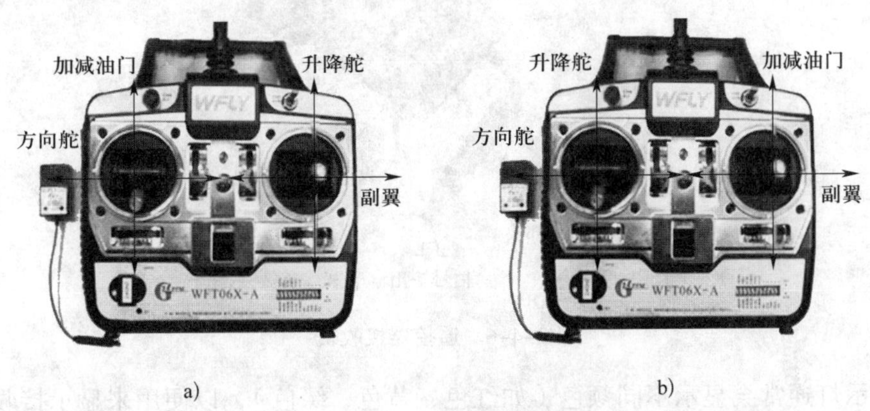

图 2–4–4 遥控器的遥控方式
a）“美国手”遥控方式 b）“日本手”遥控方式

在多旋翼无人机中，副翼通道控制无人机左右平移，升降通道控制无人机前后平移，所以“美国手”遥控方式将副翼和升降舵放置在右边同一个摇杆上，只需要通过操控右边一个摇杆的前后左右摇动，就能实现多旋翼无人机的前后左右平移运动，更加符合大部分人的操作习惯，所以现在应用较多的是“美国手”的遥控方式。

5. 遥控器信号发射原理

遥控器将摇杆、开关、旋钮等物理控制动作，通过每个通道上的电位器，将物理运动量转换为电信号，经过内部电路对输入指令进行识别和运算，再经过信号的调制与编码，最终将控制信号以无线电的形式发送出去，如图 2–4–5 所示。

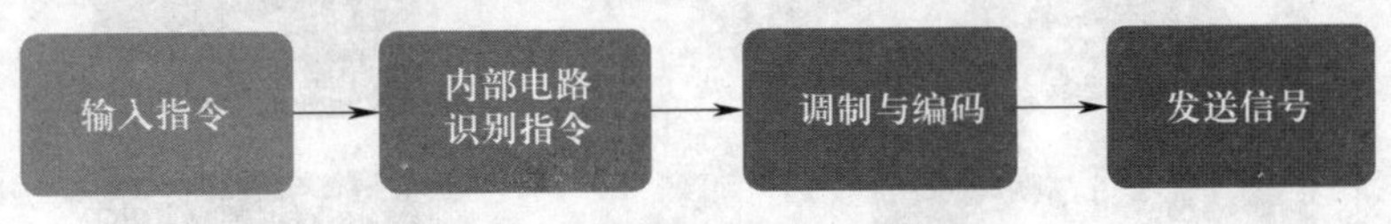

图 2–4–5 遥控器信号发射原理

6. 遥控器接收机

遥控器接收机简称接收机，用来接收遥控器（发射机）发出的信号指令，控制相应通道的执行机构执行动作，其由通道输出口、LED 指示灯、天线、设置按键等组成，如图 2–4–6 所示。

通道输出口通常由 3 根排针组成一个通道，每个通道包括信号输出、正极、负极，通常接收机的外壳上会有通道标志和每根接线的标志，不要接错，否则容易导致接收机烧毁。

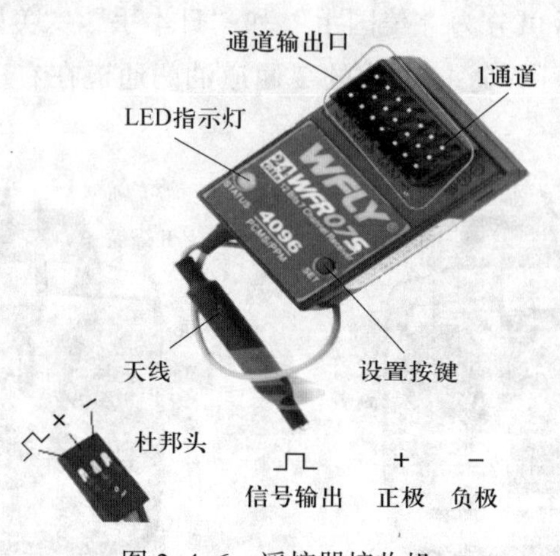

图 2–4–6　遥控器接收机

LED 指示灯通常会显示不同颜色（如红色、黄色、绿色），以便用来显示接收机的不同工作模式和连接情况，接收机与遥控器正常连接时 LED 指示灯的绿灯常亮，若信号中断或接收机未与遥控器对频则 LED 指示灯的红灯常亮或闪烁。

设置按键一般用来设置接收机的不同工作模式，并在与遥控器对频时使用。

7. 通信方式的发展

（1）模拟遥控器

早期的模拟遥控器主要是 FM 遥控器，与传统收音机类似，其具有很多缺点：遥控频率带宽窄，当同一时间、同一地点有多台遥控设备工作时，抗干扰能力差，频率相似会相互干扰，控制距离短等。FM 遥控器和接收机如图 2–4–7 所示。

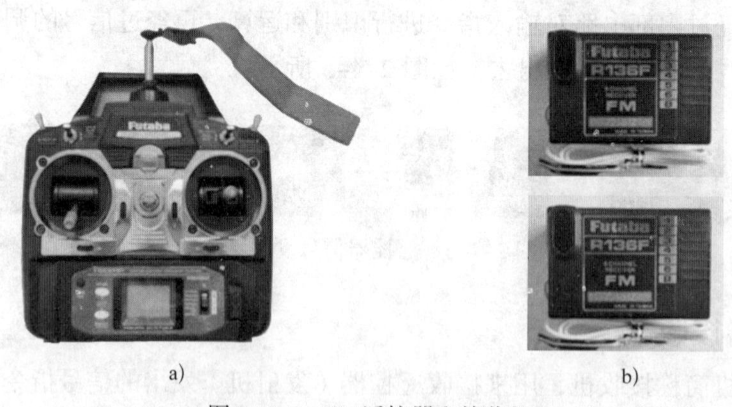

图 2–4–7　FM 遥控器和接收机

a）模拟遥控器　b）模拟接收机

（2）数字遥控器

近年来电子技术不断发展，数字遥控器应运而生，数字遥控器通常使用的是 2.4 G 遥控器和 5.8 G 遥控器，2.4 G 遥控器指的是遥控频率为 2.4 GHz 的遥控器，5.8 G 遥控器指的是遥控频率为 5.8 GHz 的遥控器，最常见的遥控器为 2.4 GHz 遥控器。

2.4 G 遥控器的频段范围为 2 400 ~ 2 483.5 MHz，相比于模拟的 FM 遥控器，2.4 G 遥控器的频率带宽更宽，可以允许多台遥控设备同一时间、同一地点运行而不相互干扰，并且 2.4 G 遥控器使用了数字跳频技术，当一对遥控器与接收机成功对频，使用某一频率开机工作后，若另外一对遥控器与接收机也在对频，遥控器和接收机会自动搜索频段范围内已经在运行的遥控频率，并且会自动跳过该频段，从而使用不同的频率来进行对频，这样两组不同的遥控器与接收机就处在不同工作频率下运行，避免了同频率导致的相互干扰。

常用的 2.4 G 遥控器如图 2–4–8 所示。

a) b) c) d) e) f) g) h) i)

图 2–4–8 常用的 2.4 G 遥控器

a）MC6A 遥控器 b）富斯 –i6 遥控器 c）天地飞 9 遥控器 d）华科尔 D10 遥控器 e）乐迪 AT9S 遥控器 f）Futaba T14SG 遥控器 g）地平线 DX20 遥控器 h）Graupner MZ24 遥控器 i）大疆遥控器

（3）网络化遥控器

如图 2–4–9 所示，随着技术的发展，网络化遥控器的应用越来越多，例如通过卫星网络、4G 网络、5G 网络等进行远程遥控，理论上可以不受距离限制，只要遥控设备和接收设备都处在有网络覆盖的地方，就可以在地球上任何地方进行控制。

图 2–4–9　网络化遥控器

二、数传系统

如图 2–4–10 所示，数传系统包括天空端、地面端及控制显示设备（地面站）、地面站软件系统等，常用的数传频率为 2.4 GHz 和 900 MHz。

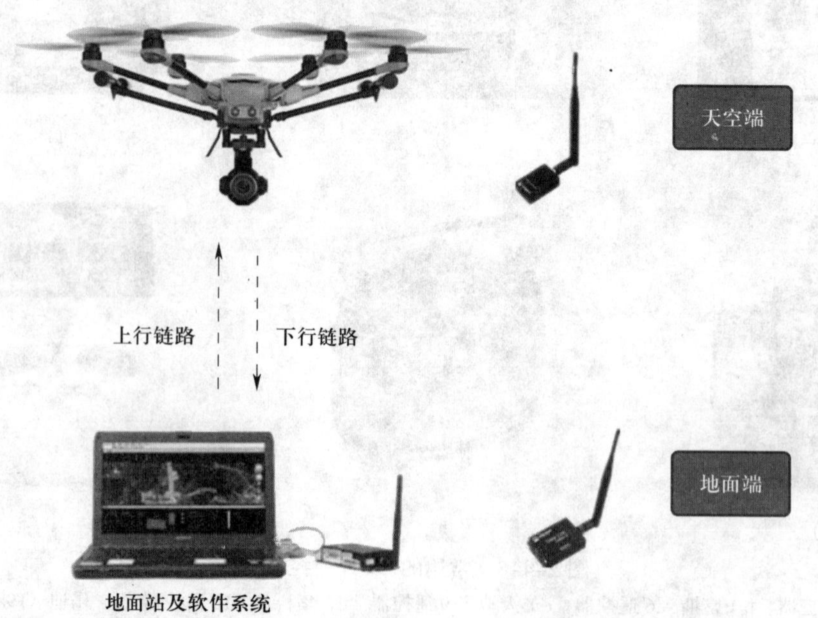

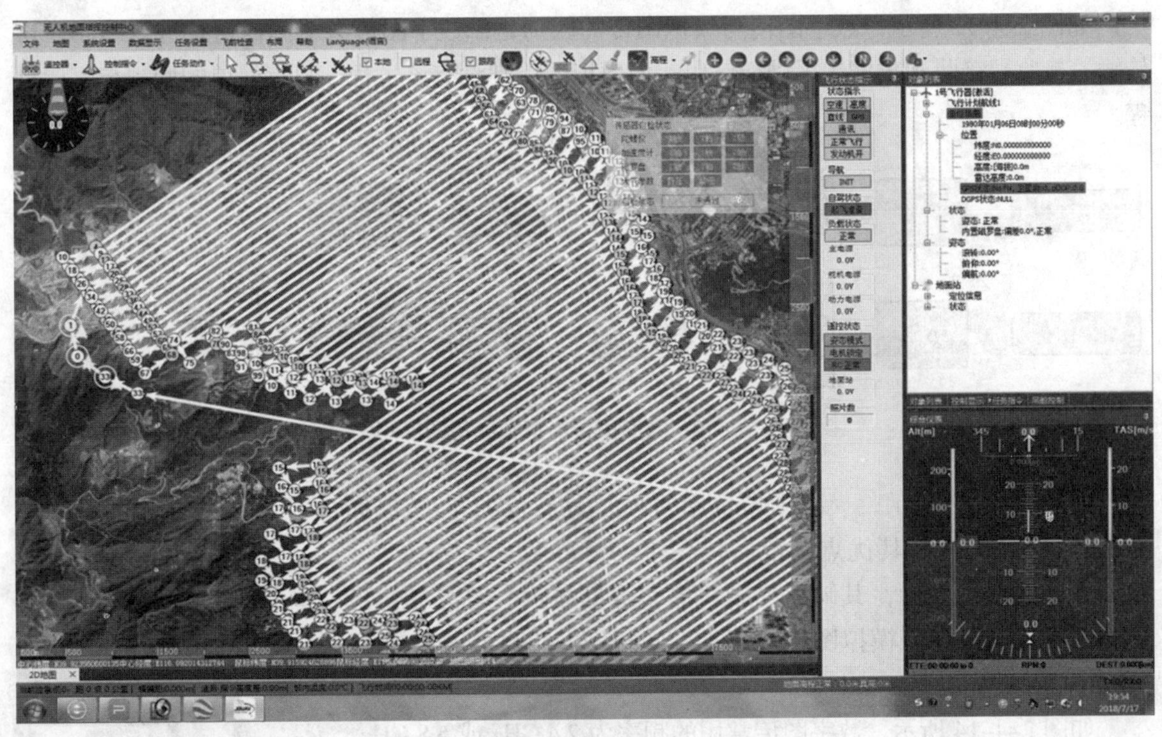

图 2-4-10　数传系统及其组成

三、图传系统

1. 图传系统的组成

如图 2-4-11 所示，图传系统包括图像采集设备（摄像头）、天空端、地面端、显示设备等，常用的图传频率为 1.2 GHz、2.4 GHz、5.8 GHz。

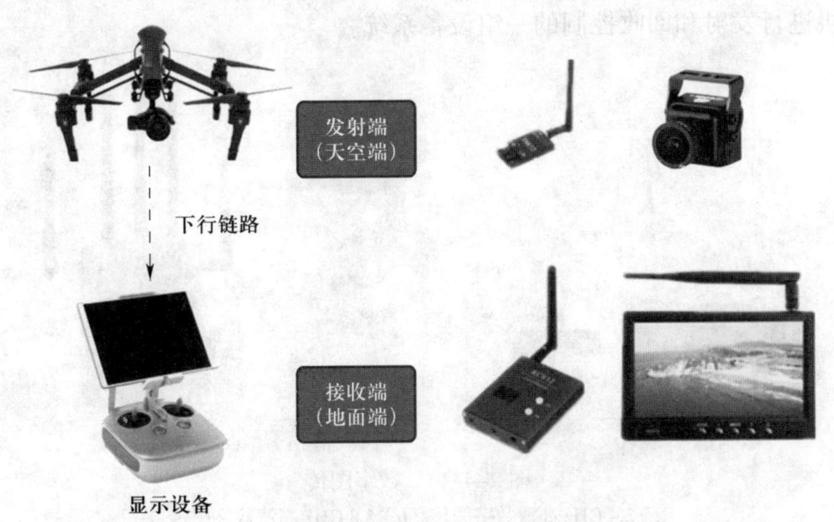

图 2-4-11　图传系统的组成

2. 数字图传与模拟图传

如图 2–4–12 所示，数字图传与模拟图传的区别是，数字图传会对图像信息进行编码后再传输，接收端接收到数据后再进行解码，而模拟图传则没有该过程，只有简单的调制与解调过程。

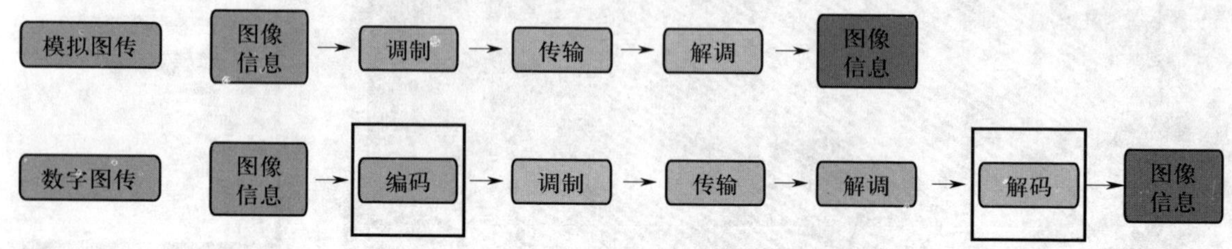

图 2–4–12　数字图传与模拟图传的区别

如图 2–4–13 所示，模拟图传常用的频段为 5.8 GHz，又被称为 5.8 G 微波图传，其优点是设备体积小、延迟低、价格低，可以多人同时进行观看，其缺点是画质差，屏幕显示会有雪花，易受到同频段的干扰。模拟图传常用在穿越机第一人称视角的飞行操控中。

图 2–4–13　模拟图传

如图 2–4–14 所示，数字图传常用的频率为 2.4 GHz 或 5.8 GHz，其优点是分辨率高、传输图像清晰、传输距离远、抗干扰能力强，其缺点是体积较大、价格高、延迟大。数字图传常用在画质要求较高的航拍设备中，随着技术的发展，数字图传设备的体积越来越小，延迟越来越低，传输距离越来越远。

四、无人机地面站系统

无人机地面站系统是指具有对无人机飞行平台和任务载荷设备进行监控和操纵的能力，包括对无人机进行发射和回收控制的一组设备系统。

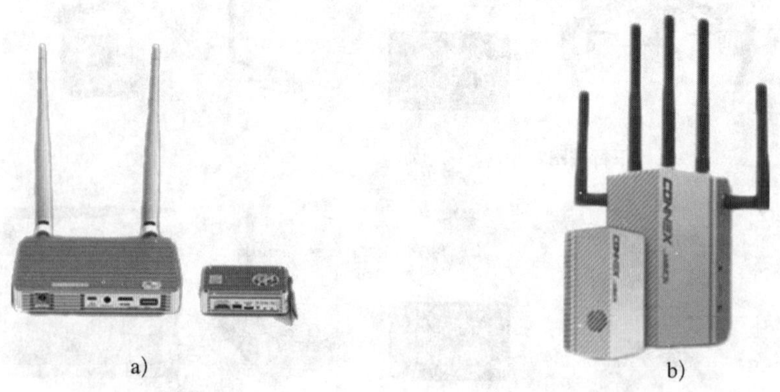

图 2–4–14　数字图传

a）2.4 GHz 高清数字图传　b）5.8 GHz 高清数字图传

1. 无人机地面站系统的功能

如图 2–4–15 所示，无人机地面站系统是整个无人机系统非常重要的组成部分，是地面操作人员直接与无人机交互的渠道，它具有任务规划、任务回放、实时监测、数字地图、通信数据链在内的集控制、通信、数据处理于一体的综合能力，是整个无人机系统的指挥控制中心。无人机地面站系统应具有以下典型的功能。

（1）飞行监控

无人机通过无线数据传输系统，向地面站传送当前各状态信息，地面站将所有的飞行数据保存，并将主要信息用虚拟仪表或其他控件进行显示，供地面控制人员参考，控制人员同时根据无人机的状态信息，实时地发送控制命令，操纵无人机飞行。

（2）地图导航

地面站根据无人机下传的经纬度信息，将无人机的飞行轨迹标注在电子地图上，同时，控制人员可以规划航点航线，观察并监测无人机的任务执行情况。

（3）任务回放

在任务结束后，地面站可以根据保存在数据库中的飞行数据，使用回放功能详细地观察无人机在执行任务飞行过程中的每一个细节，以便检查任务执行的效果。

（4）天线控制

地面站实时监控天线的轴角，根据天线返回的信息，对天线进行控制，如进行校零操作，使其能始终对准无人机，从而能跟踪无人机飞行。

图 2–4–15 无人机地面站系统

2. 无人机地面站系统的组成

如图 2–4–16 所示，无人机地面站系统主要包括通信部分、操控部分和显示部分。通信部分主要包括数传链路、图传链路、遥控链路，如图 2–4–17 所示；操控部分主要是遥控器、键盘、鼠标等，如图 2–4–18 所示；显示部分主要是显示设备和地面站软件，如图 2–4–19 所示。

地面站软件的基本功能包括显示飞行信息，如姿态、高度、电量信息、GPS 信息等；状态警告，如电量报警、链路报警等；地理信息，如地理位置、地形信息等；任务规划，如航线规划、航迹显示、返航、迫降等。

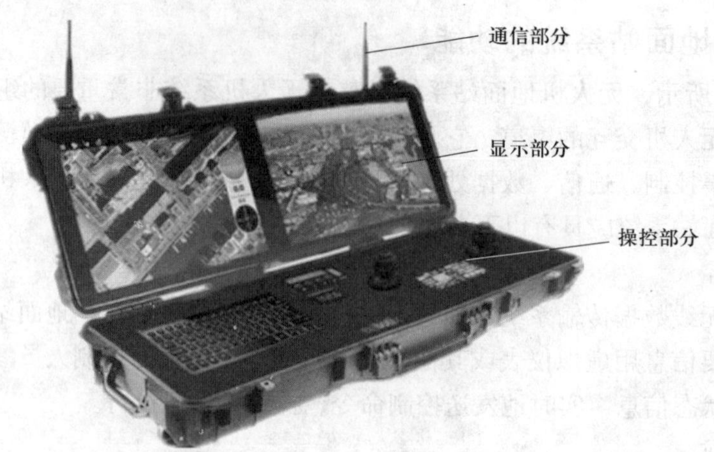

图 2-4-16　无人机地面站系统的组成

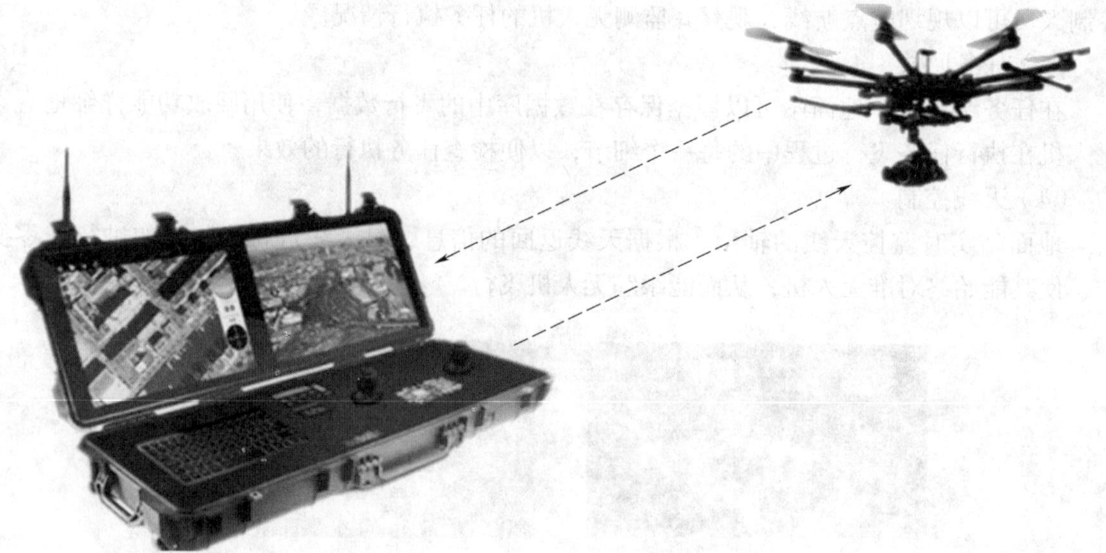

图 2-4-17　通信部分

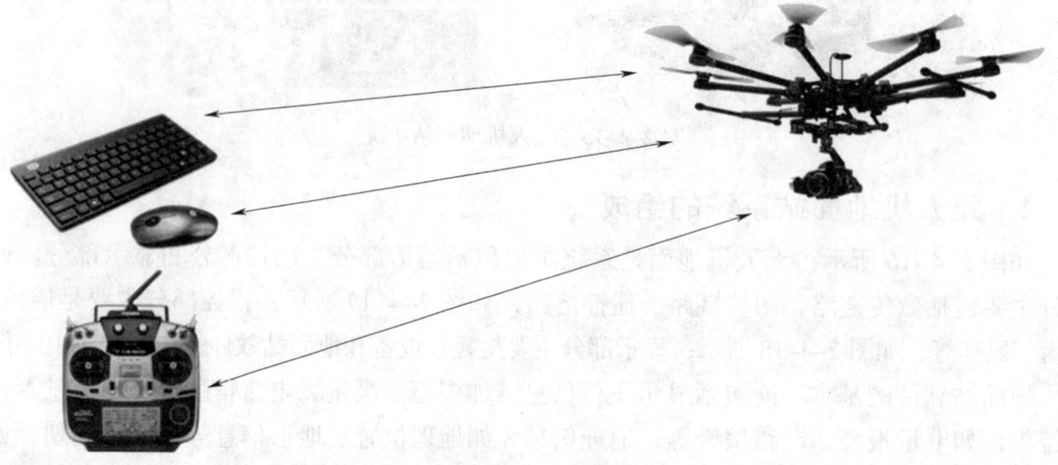

图 2-4-18　操控部分

a)

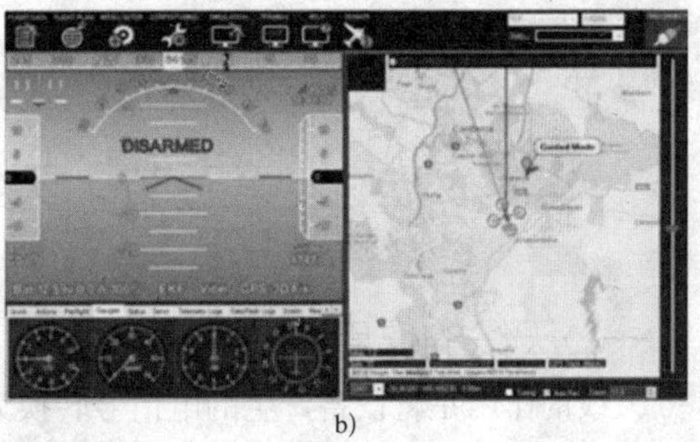

b)

图 2–4–19　显示部分

a）显示设备实时图像　b）地面站软件无人机飞行信息

第五节　天线与无线系统

一、天线的作用

天线的作用是将设备产生的电信号转换为无线电波信号发射出去，并可以接收无线电波信号。

如图 2–5–1 所示，遥控器发出的上升指令通过遥控器上的天线以无线电波的方式发送出去，在空气中传播后再由无人机上的接收机天线（接收端）进行接收，接收机再将接收到的无线电波信号转换为电信号，发送给飞控进行处理，最终控制无人机按照遥控器的上升指令做出上升动作。

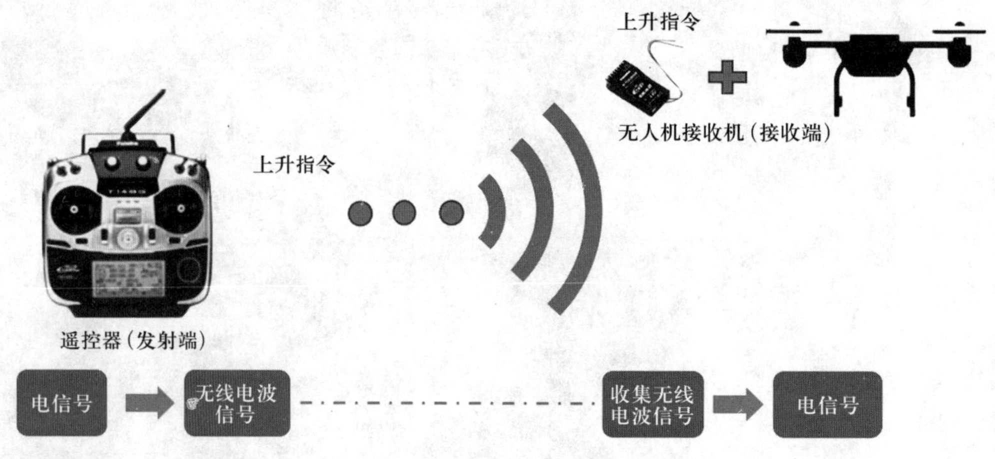

图 2–5–1　无人机天线的作用

二、天线的分类

天线可以按照用途、工业性质、工作波长、辐射方向、形状等分类，见表 2–5–1。

表 2–5–1　天线的分类方式和名称

分类方式	天线名称
按照用途分类	通信天线、雷达天线、广播天线、电视天线
按照工业性质分类	发射天线、接收天线
按照工作波长分类	长波天线、中波天线、短波天线、超短波天线、微波天线
按照辐射方向分类	全向天线、定向天线、行波天线、表面波天线
按照形状分类	线状天线（又称为鞭状天线或棒状天线）、平板天线、螺旋天线、抛物面天线

三、常用的天线类型

常用的天线类型有全向天线和定向天线两种，如图 2–5–2 所示。

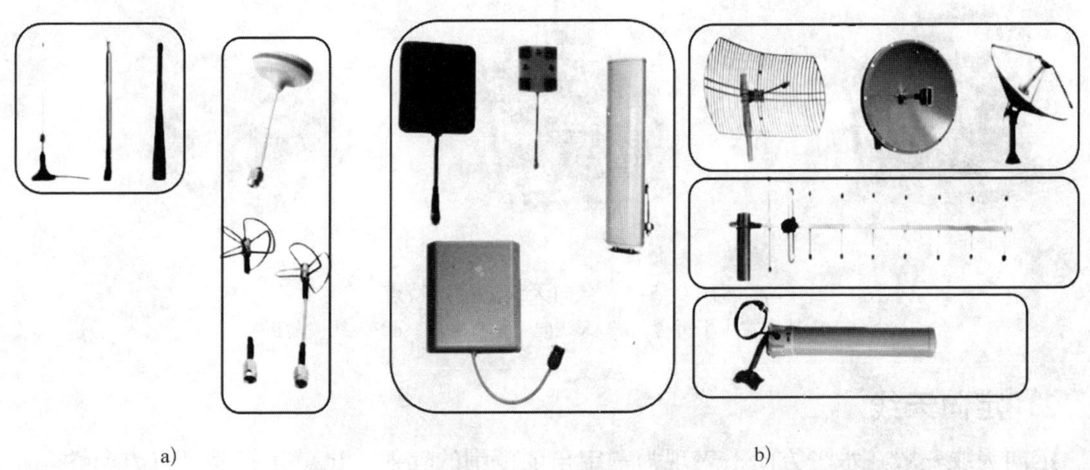

a) b)

图 2–5–2 全向天线和定向天线

a）全向天线 b）定向天线

1. 全向天线

如图 2–5–3 所示，全向天线信号沿着天线径向方向向四周发散，在水平方向上表现为 360° 均匀辐射，也就是平常所说的无方向性，从信号辐射三维视图上可以看出，全向天线的辐射范围像一个扁平的苹果，全向天线沿着径向方向向四周信号强度较高，沿着轴向方向两端信号强度较弱。

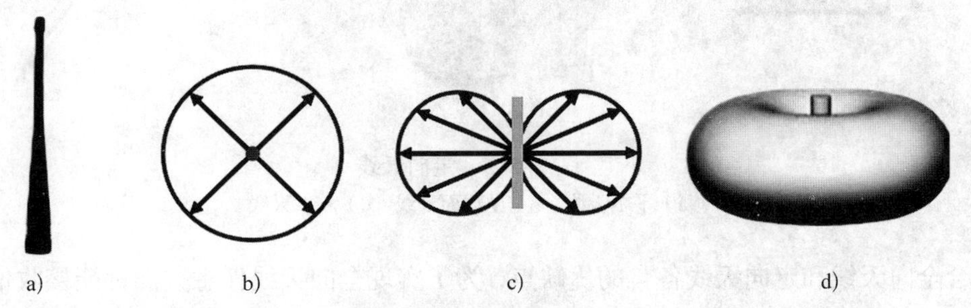

a) b) c) d)

图 2–5–3 全向天线

a）全向天线 b）信号辐射顶视图 c）信号辐射侧视图 d）信号辐射三维视图

如图 2–5–4 所示，遥控器的天线属于全向天线，全向天线的辐射特点：当天线向左水平折弯时，天线指向左侧，则左侧和右侧的信号较弱，上方、前方的信号较强；当天线向上垂直折弯时，天线指向上方，则上方信号较弱，天线四周前、后、左、右信号较强；当天线向前折弯时，天线指向前方，则正前方信号较弱，上方、左侧、右侧信号较强。

在使用遥控器时，一般不将天线指向无人机，而是将天线的径向指向无人机。

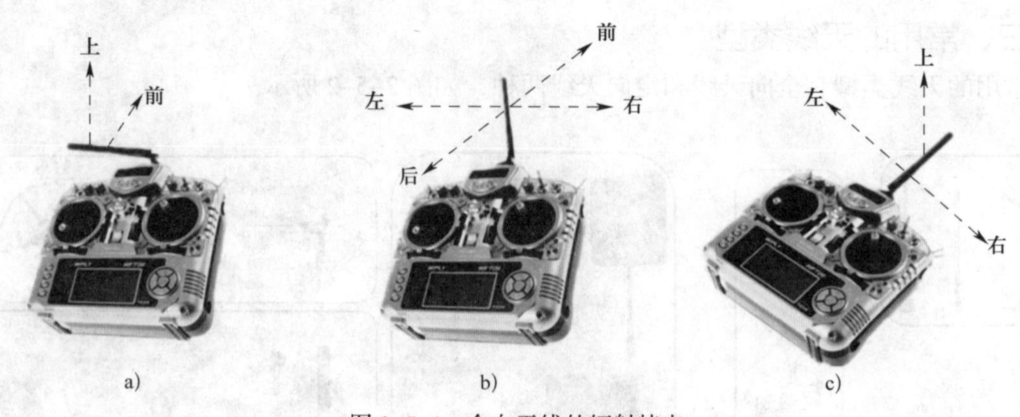

图 2–5–4　全向天线的辐射特点

a）天线向左水平折弯　b）天线向上垂直折弯　c）天线向前折弯

2. 定向天线

定向天线一般在水平方向上表现为一定角度范围的辐射，也就是指其具有方向性。超过这个角度范围的辐射时，定向天线的信号会比较弱。

如图 2–5–5 所示，定向天线包括平板天线、抛物面天线、八木天线等，平板天线一般沿着平板天线的一个面向前辐射；抛物面天线一般沿着抛物面的凹面向外辐射；八木天线一般沿着主天线的朝向向前辐射。

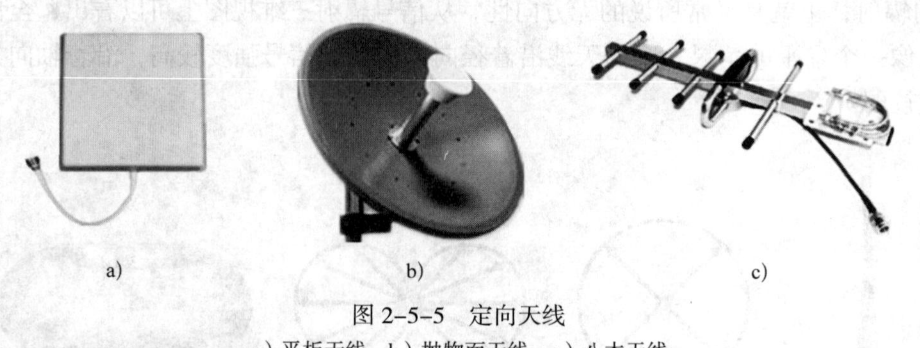

图 2–5–5　定向天线

a）平板天线　b）抛物面天线　c）八木天线

综合全向天线和定向天线各自的优缺点，为了实现全向天线任意方向都能接收信号的优点以及定向天线某一方向上的信号强度高的优点，通常在实际图像传输过程中使用全向天线和定向天线的组合（平板天线加蘑菇头天线组合或平板天线加棒状天线组合等），如图 2–5–6 所示。

四、天线的基本参数

天线的基本参数主要包括频率与输入阻抗、增益、极化方式等。

1. 天线的频率与输入阻抗

发射端天线的频率、输入阻抗与接收端天线的频率、输入阻抗必须一致，才能配套使用，例如 2.4 GHz 的天线一般不能与 5.8 GHz 或 900 MHz 的天线配套使用。阻抗相差太大的天线，一般无法传输信号或传输效果较差。

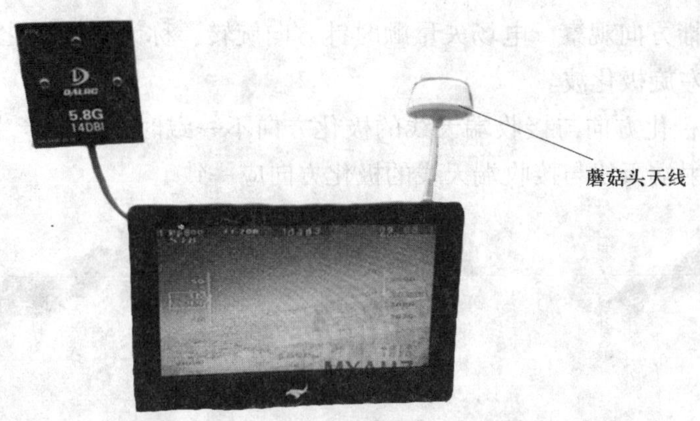

图 2-5-6　全向天线和定向天线的组合

2. 天线的增益

如图 2-5-7 所示，天线的增益是指在特定方向上的最大辐射强度和天线的最大辐射强度的比值，它是用来衡量天线朝特定方向收发信号的能力。在一般情况下，增益的强弱将影响到天线辐射或接收无线电波信号的能力。

增益的单位为 dbi，室内天线大多为 4 dbi ~ 5 dbi，室外天线大多为 8.5 dbi ~ 14 dbi。通常情况下，由于增益的大小和无线带宽成反比，即增益越大，其带宽就越窄；增益越小，其带宽就越大。因此，较大增益的天线主要在远距离传输的应用环境，而小增益天线则更适合于近距离大覆盖范围的应用环境。

在输入功率相等的条件下，增益越高，信号传播的距离越远。

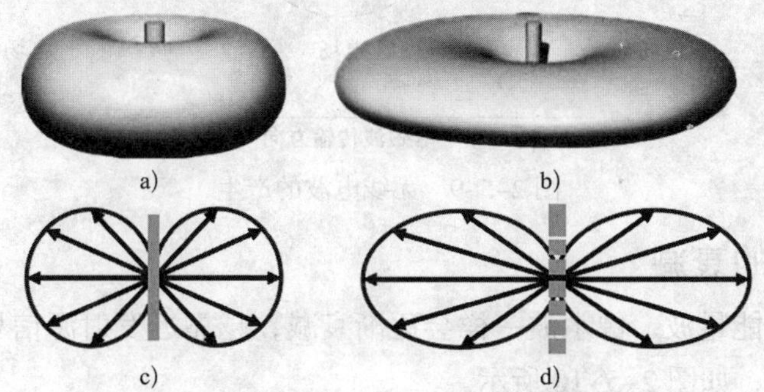

图 2-5-7　天线的增益

a）低增益全向天线辐射范围　b）高增益全向天线辐射范围　c）1 套对称振子的天线　d）多套对称振子的天线

3. 天线的极化方式

天线的极化是指天线辐射时所形成的电场强度的方向。当电场强度方向垂直于地面时，此电波就称为垂直极化波；当电场强度方向平行于地面时，此电波就称为水平极化波，当电场强度方向既有平行于地面又有垂直于地面的波时，此电波就称为垂直 / 水平双极化波，如图 2-5-8 所示。

天线的极化方式分为线极化、椭圆极化、圆极化三类。其中，线极化又分为水平极化和垂直极化，椭圆极化又可分为左旋椭圆极化和右旋椭圆极化，圆极化又可分为左旋圆极化与右旋圆极化。沿传播方向观察，电场矢量顺时针方向旋转，称为右旋极化波，电场矢量逆时针方向旋转，称为左旋极化波。

发射端天线的极化方向与接收端天线的极化方向不一致时，就会产生极化损失。所以，在选择天线时，发射端天线与接收端天线的极化方向应一致。

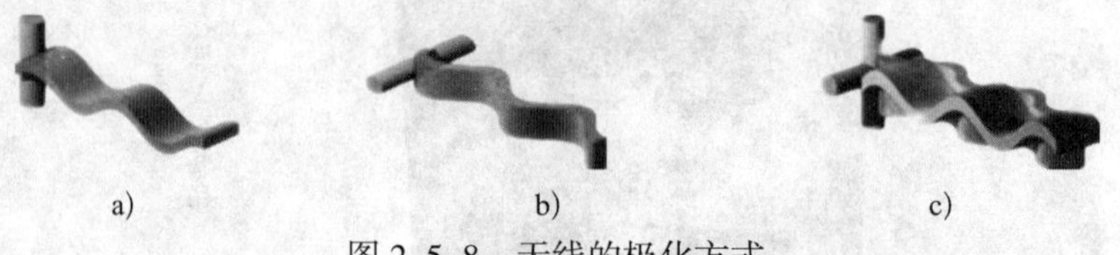

图 2-5-8　天线的极化方式

a）垂直极化波　b）水平极化波　c）垂直 / 水平双极化波

五、无线系统基础知识

1. 无线电波的产生

变化的电场和变化的磁场彼此不是孤立的，它们永远密切地联系在一起，相互激发，组成一个统一的电磁场的整体，也就是平时所说的电磁波，它们像水面上的波纹一样，一圈一圈向外辐射，如图 2-5-9 所示。

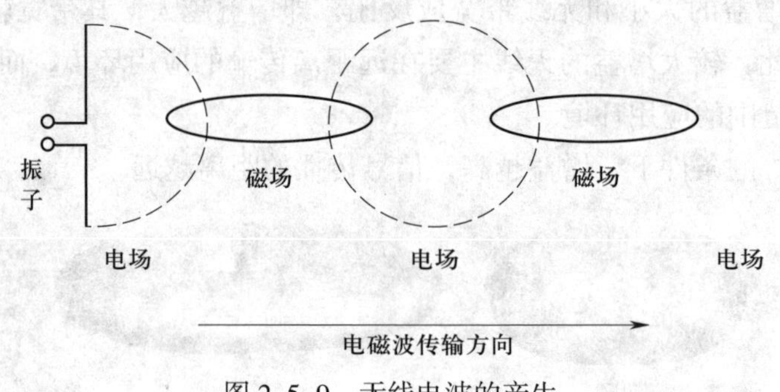

图 2-5-9　无线电波的产生

2. 无线电波的衰减

无线电波是一种能量波，像水波一样会逐渐衰减，越靠近发射源信号强度越高，越远离发射源信号强度越低，如图 2-5-10 所示。

图 2-5-10　无线电波会像水波一样逐渐衰减

3. 无线电波的分类

无线电波可以按照频段和波段分类，见表 2–5–2。

表 2–5–2　　无线电波的分类

<table>
<tr><th>段号</th><th>无线电波频段名称</th><th>频段范围（含上限不含下限）</th><th colspan="2">无线电波波段名称</th><th>波长范围（含上限不含下限）</th></tr>
<tr><td>1</td><td>甚低频（VLF）无线电波</td><td>3 ~ 30 kHz</td><td colspan="2">甚长波</td><td>100 ~ 10 km</td></tr>
<tr><td>2</td><td>低频（LF）无线电波</td><td>30 ~ 300 kHz</td><td colspan="2">长波</td><td>10 ~ 1 km</td></tr>
<tr><td>3</td><td>中频（MF）无线电波</td><td>300 ~ 3 000 kHz</td><td colspan="2">中波</td><td>1 000 ~ 100 m</td></tr>
<tr><td>4</td><td>高频（HF）无线电波</td><td>3 ~ 30 MHz</td><td colspan="2">短波</td><td>100 ~ 10 m</td></tr>
<tr><td>5</td><td>甚高频（VHF）无线电波</td><td>30 ~ 300 MHz</td><td colspan="2">米波</td><td>10 ~ 1 m</td></tr>
<tr><td>6</td><td>特高频（UHF）无线电波</td><td>300 ~ 3 000 MHz</td><td>分米波</td><td rowspan="4">微波</td><td>100 ~ 10 cm</td></tr>
<tr><td>7</td><td>超高频（SHF）无线电波</td><td>3 ~ 30 GHz</td><td>厘米波</td><td>10 ~ 1 cm</td></tr>
<tr><td>8</td><td>极高频（EHF）无线电波</td><td>30 ~ 300 GHz</td><td>毫米波</td><td>10 ~ 1 mm</td></tr>
<tr><td>9</td><td>至高频（THF）无线电波</td><td>300 ~ 3 000 GHz</td><td>丝米波</td><td>1 ~ 0.1 mm</td></tr>
</table>

4. 无线电波信号的传输

无线电波信号在传输的过程中，会发生反射、折射、散射、绕射等，如图 2–5–11 所示。

反射是指信号传输时，一部分信号会被反射，另一部分将会继续向前传输。甚至有一部分信号会被反射回发射端，也就是常说的回波。

散射是指由传播介质的不均匀性引起的信号向四周散开的现象。

绕射是指在传播途径中遇到障碍物时，电波会绕过障碍物继续向前传播。频率越高，波长越短，绕射能力越弱；频率越低，波长越长，绕射能力越强。

5. 无线电波信号的损耗

无线电波信号在传播过程中，自身信号强度会有所衰减，这种衰减称为路径损耗，如图 2–5–12a 所示。除了自身能量会发生损耗以外，无线电波信号在传播的过程中还会遇到障碍物，当穿越障碍物时，无线电波信号也会发生一定的损耗，称之为穿越损耗，如图 2–5–12b 所示。

无线电波信号在穿越不同物体时所产生的穿越损耗不同，其信号的衰减程度也有所不同，常见的障碍物对于无线电波信号的阻碍作用见表 2–5–3。

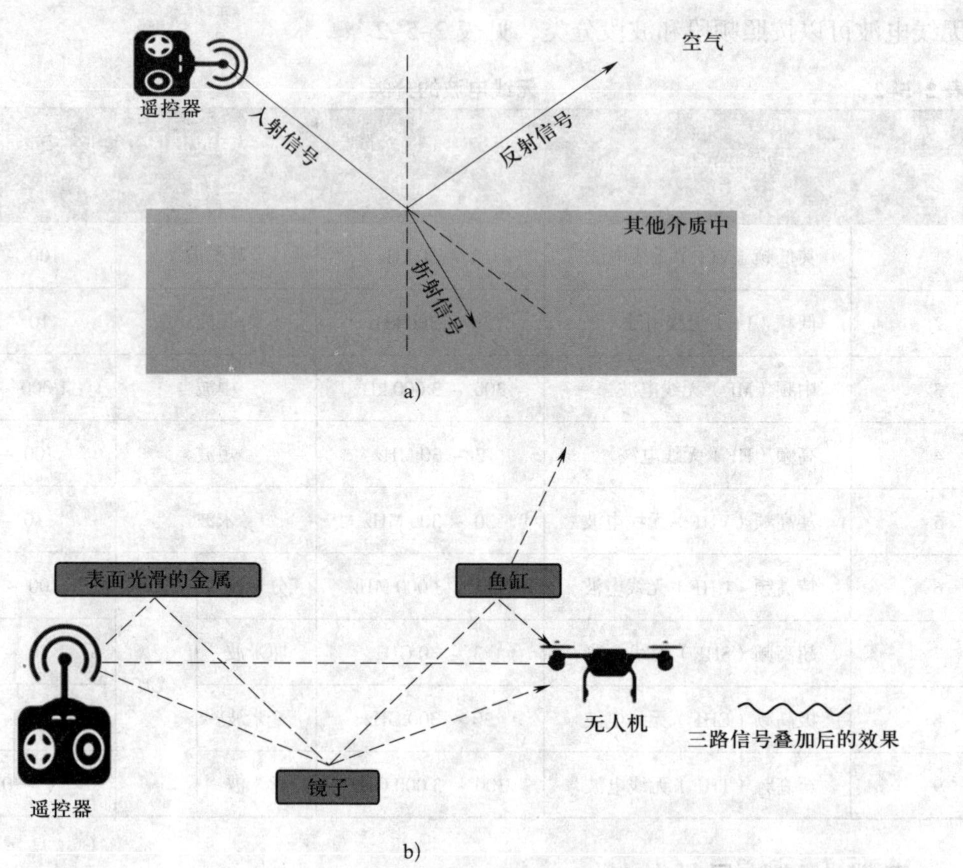

图 2-5-11　无线电波信号的反射与折射

a）无线电波信号的反射与折射　b）无线电波信号的多径传播

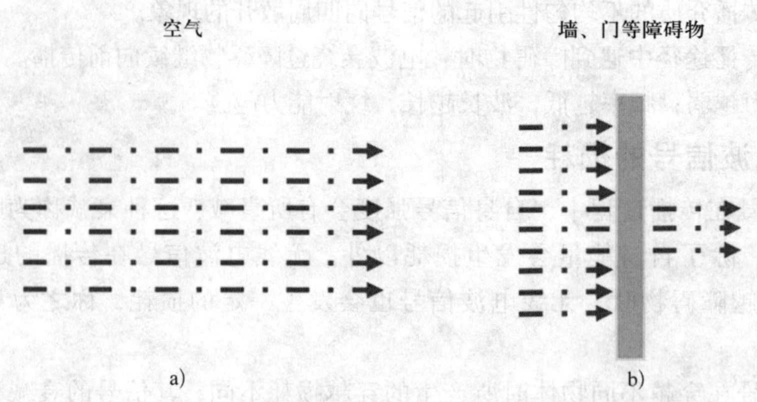

图 2-5-12　无线电波信号的损耗

a）路径损耗　b）穿越损耗

表 2–5–3　　常见的障碍物对无线电波信号的阻碍作用

障碍物	无线电波信号衰减程度	举例
开阔地	极少	平坦的大草原、没有树木的野外平坦区域
木制品	少	内墙、办公室隔断、门、地板
石膏	少	内墙
合成材料	少	办公室隔断
石棉	少	天花板
玻璃	少	窗户
人体	中等	人群密集的区域
水	中等	潮湿的木头、玻璃缸、有机体
砖块	中等	内墙、外墙、地面
大理石	中等	内墙、外墙、地面
陶瓷制品	高	陶瓷瓦片
纸	高	一卷纸或一堆纸
混凝土	高	地面、外墙、承重梁
防弹玻璃	高	安全棚
镀银	非常高	镜子
金属	非常高	铁板、电梯

第六节　无人机任务载荷系统

无人机任务载荷系统是指装备到无人机上用来完成具体任务的设备，不包括飞行器系统、飞行控制设备、数据链路和动力设备等。

无人机任务载荷系统的快速发展极大地扩展了无人机的应用领域，根据无人机功能和类型的不同，其上装备的任务载荷系统也不同。例如，植保机的喷洒系统、航拍机所携带的摄像机或航测多镜头相机以及光电吊舱、照明无人机所携带的探照灯、喊话无人机所携带的喊话器、气体探测无人机所携带的气体探测分析仪、消防无人机所携带的灭火弹发射器、救援无人机所携带的抛投设备、应急通信无人机所携带的通信中继设备等，都属于无人机任务载荷系统中的设备，分别如图 2-6-1 和图 2-6-2 所示。

图 2-6-1　无人机任务载荷系统设备 1

a）喷洒系统　b）相机及云台　c）探照灯

d）喊话器　e）气体探测分析仪

图 2-6-2 无人机任务载荷系统设备 2

a）光电吊舱 b）航测多镜头相机 c）灭火弹发射器 d）抛投装置

第三章　无人机的飞行控制

一、空气动力学基础知识

空气动力学是研究飞行器在空气中运动规律和受力情况的学科。无人机的飞行和稳定主要是靠升力、重力、推力和阻力等。

升力是使无人机上升的力，由于无人机的翅膀形状和斜度不同，空气在经过翅膀时会产生不同的升力，这样就能够支持无人机的质量，使其在空中飞行。

重力是地球对物体的吸引力，这是无人机必须克服的力。无人机通过加速度或倾斜翅膀来产生足够的升力以抵消重力，从而在空中保持平衡。

推力是无人机向前推进的力，通常由发动机提供。推力与无人机的速度有关，越快的速度需要越大的推力。

阻力是与推力相对的力，它是无人机在空气中移动时受到的空气阻力。因此，无人机需要具备足够的推力来克服阻力。

二、固定翼无人机的飞行原理

1. 固定翼无人机的三轴体系

固定翼无人机的三轴体系包括横轴、纵轴和立轴三个轴。如图 3-1-1 所示，沿着固定翼无人机机翼方向的为横轴，沿着其机身方向的为纵轴，沿着其垂直尾翼方向的为立轴。固定翼无人机绕着横轴运动称为俯仰运动；固定翼无人机绕着纵轴运动称为横滚运动，又称为滚转运动；固定翼无人机绕着立轴运动称为偏航运动，又称为偏转运动。

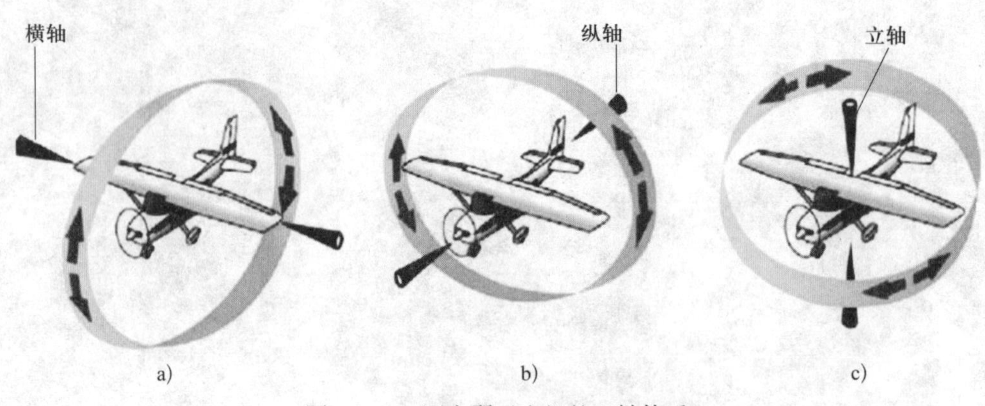

图 3-1-1　固定翼无人机的三轴体系

a）横轴　b）纵轴　c）立轴

2. 固定翼无人机的飞行控制

固定翼无人机绕着横轴运动，低头或抬头称为俯仰运动，是由 2 通道升降通道控制；2 通道升降通道控制固定翼无人机的水平机翼进行上、下运动，使得机头上、下做俯仰运动；固定翼无人机绕着纵轴运动，左、右横滚称为滚转运动（横滚运动），是由 1 通道副翼通道控制，1 通道副翼通道控制固定翼无人机的副翼一上、一下运动，使得固定翼无人机左、右横滚运动；固定翼无人机绕着立轴运动，机头向左或向右水平偏转，称为偏航运动，是由 4 通道方向通道控制，4 通道方向通道控制垂直尾翼舵面进行左右运动，从而控制机头水平向左、右运动，改变航向；4 个基本通道中，3 通道为油门通道，用来控制固定翼无人机电动机的转速，从而控制无人机向前飞行的速度。

当 4 个通道之间相互配合控制固定翼无人机时，不仅可以改变飞行速度，还可以使固定翼无人机绕着三个轴做任意方向上的运动，从而改变无人机在空中的飞行姿态和运动轨迹。

三、多旋翼无人机的飞行原理

1. 多旋翼无人机的三轴体系

如图 3–1–2 所示，多旋翼无人机的三轴体系与固定翼无人机类似，沿着其机身左右方向为横轴，沿着其机身前后方向为纵轴，沿着其机身垂直方向为立轴。多旋翼无人机绕横轴做俯仰运动，绕纵轴做横滚运动，绕立轴做偏航运动（也称为偏转运动）。

图 3–1–2　多旋翼无人机的三轴体系

a）横轴　b）纵轴　c）立轴

2. 多旋翼无人机的六个自由度

多旋翼无人机除了俯仰、横滚、偏航三个绕轴运动的自由度以外，还有三个自由度，分别是前后平移，左右平移，上升、下降（高度变化）。

3. 多旋翼无人机的气动布局

如图 3–1–3 所示，当多旋翼无人机的某个电动机带动桨叶旋转时，空气也会对桨叶产生一个反作用力（反扭力），这个反扭力会使机身发生自旋偏转，所以多旋翼无人机多采用四轴、六轴、八轴等双数对称轴数，并且正转电动机与反转电动机交替安装，这样正转电动机桨叶产生的反扭力就会与相邻的反转电动机产生的反扭力相互抵消，机身就不会再发生自旋偏转。

4. 多旋翼无人机的飞行控制

下面以X形四旋翼无人机为例，讲解多旋翼无人机的飞行控制。

（1）上升、下降运动

如图3–1–4a所示，多旋翼无人机4个电动机同时加速，4个电动机提供的升力同时增加，无人机进行水平上升运动；如图3–1–4b所示，多旋翼无人机4个电动机同时减速，4个电动机提供的升力同时减小，无人机进行水平下降运动。

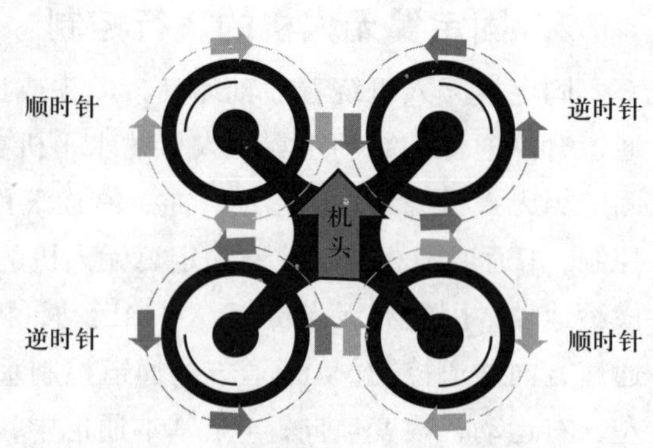

图3–1–3 多旋翼无人机的气动布局

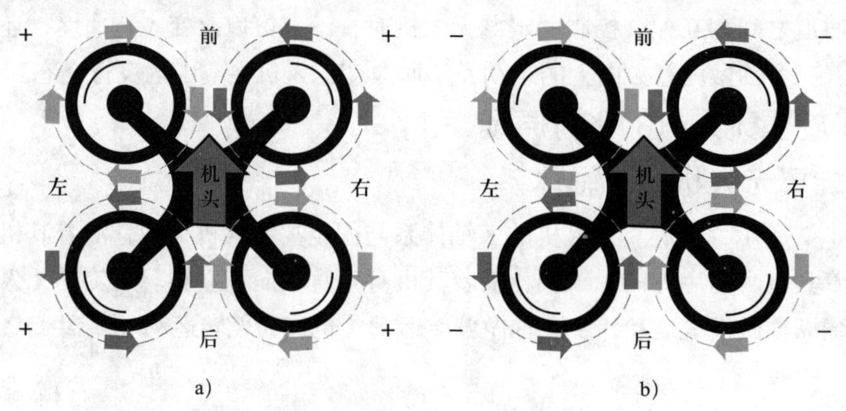

图3–1–4 上升、下降运动

a）水平上升运动 b）水平下降运动

（2）前、后平移运动

如图3–1–5a所示，多旋翼无人机前面两个电动机同时减速，后面两个电动机同时加速，多旋翼无人机前面升力减小，后面升力增加，无人机前倾，产生一个向前的水平分力，无人机向前平移；如图3–1–5b所示，多旋翼无人机前面两个电动机同时加速，后面两个电动机

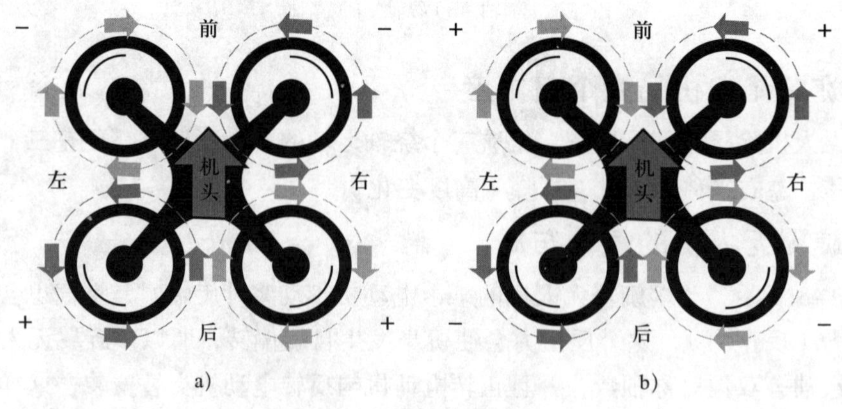

图3–1–5 前、后平移运动

a）向前平移 b）向后平移

同时减速，多旋翼无人机前面升力增加，后面升力减小，无人机后仰，产生一个向后的水平分力，无人机向后平移。

（3）左、右平移运动

如图 3-1-6a 所示，多旋翼无人机左边两个电动机同时减速，右边两个电动机同时加速，多旋翼无人机左边升力减小，右边升力增加，无人机向左倾斜，产生一个向左的水平分力，无人机向左平移；如图 3-1-6b 所示，多旋翼无人机左边两个电动机同时加速，右边两个电动机同时减速，多旋翼无人机左边升力增加，右边升力减小，无人机右倾，产生一个向右的水平分力，无人机向右平移。

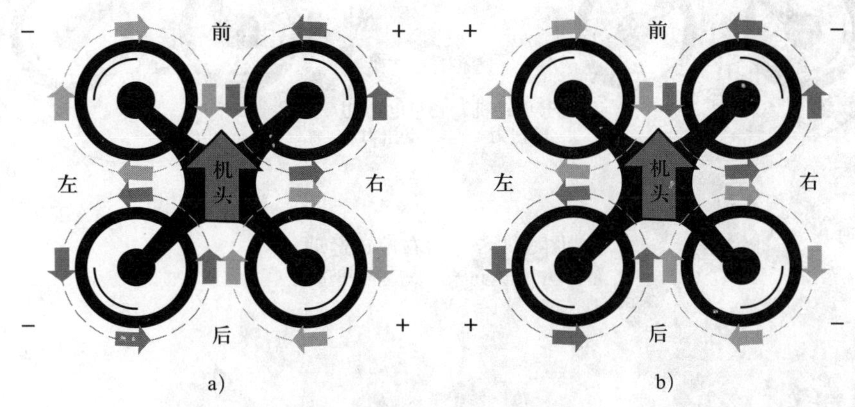

图 3-1-6 前、后平移运动

a）向左平移 b）向右平移

（4）左、右偏航运动

偏航运动是较为复杂的运动，需要把无人机看作是一个整体，并且需要分析每一个电动机桨叶的转动方向和反扭力方向，还要分析反扭力增加和减小的情况。

如图 3-1-7a 所示，当多旋翼无人机处于悬停状态时，4 个电动机转速基本一致，产生的反扭力基本相等，并且方向相反，可以相互抵消，则无人机不发生偏转。

如图 3-1-7b 所示，当多旋翼无人机的逆时针桨叶加速（1 号和 3 号电动机桨叶加速）、顺时针桨叶减速（2 号和 4 号电动机桨叶减速）时，反扭力方向与电动机桨叶转动方向相反，则顺时针方向的反扭力会增加，逆时针方向的反扭力会减小，使得反扭力的合力方向沿着顺时针方向，机头向顺时针方向偏转，即机头向右偏转。所以，想让无人机向右偏航，需要使逆时针转的电动机桨叶加速，顺时针转的电动机桨叶减速。

如图 3-1-8a 所示，当无人机处于悬停状态时，4 个电动机转速基本一致，产生的反扭力基本相等，并且方向相反，可以相互抵消，则无人机不发生偏转。

如图 3-1-8b 所示，当无人机的顺时针桨叶加速（2 号和 4 号电动机桨叶加速）、逆时针桨叶减速（1 号和 3 号电动机桨叶减速）时，反扭力方向与电动机桨叶转动方向相反，则逆时针方向的反扭力会增加，顺时针方向的反扭力会减小，使得反扭力的合力方向沿着逆时针方向，机头向逆时针方向偏转，即机头向左偏转。所以，想让无人机向左偏航，需要使顺时针转的电动机桨叶加速，逆时针转的电动机桨叶减速。

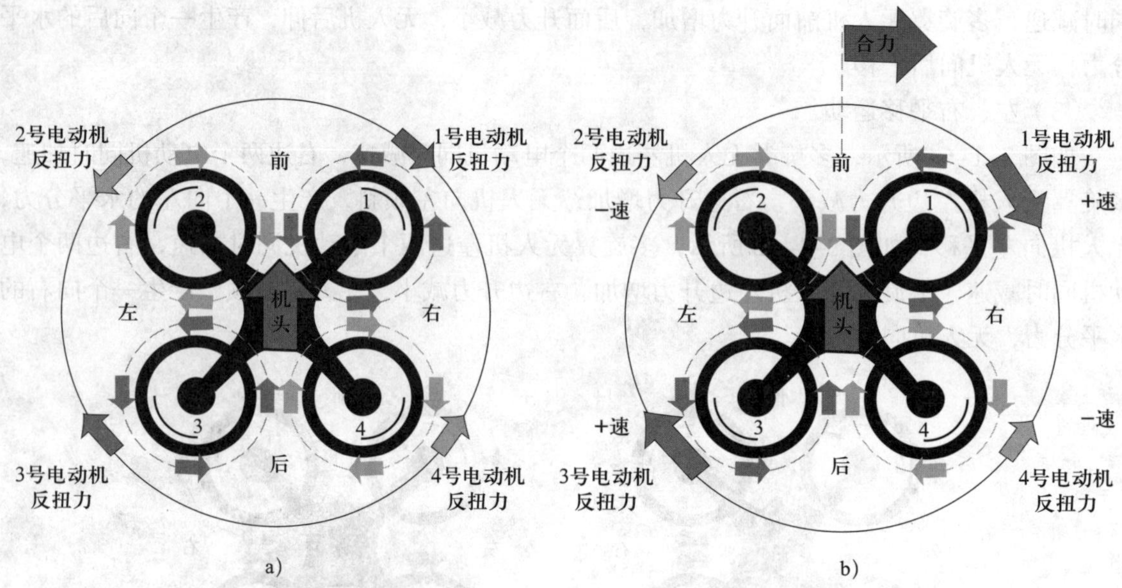

图 3-1-7 向右偏转运动

a）悬停状态 b）向右偏转

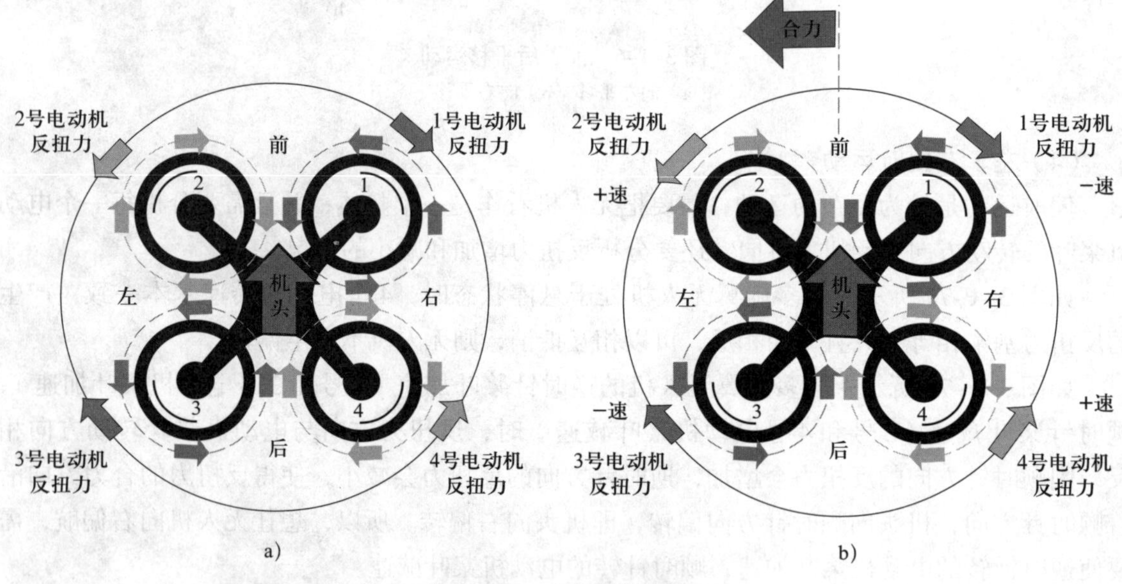

图 3-1-8 向左偏转运动

a）悬停状态 b）向左偏转

第四章　无人机的模拟飞行

第一节　模拟训练的准备工作

一、模拟飞行软件准备

使用模拟飞行软件便于快速了解无人机的控制原理，可以不受天气、场地、电池续航等因素的限制，进行模拟飞行训练。本教材采用的飞行模拟器为凤凰模拟器（Phoenix RC），如图 4–1–1 所示。

a)

b)

图 4–1–1　凤凰模拟器（Phoenix RC）

a）无人直升机模拟　b）多旋翼无人机模拟

凤凰模拟器的安装与常用软件的安装过程基本相同，可以在安装程序的下载文件夹中，使用鼠标左键双击（双击）"setup" 图标启动安装程序，弹出凤凰模拟器安装页面，如图 4–1–2 所示。安装完成后即可启动凤凰模拟器，其启动页面如图 4–1–3 所示。

二、设备准备

模拟训练前需要准备模拟训练用到的设备，如遥控器、加密锁、数据线等，分别如图 4–1–4 和图 4–1–5 所示。

使用加密锁时，需要将其侧面的开关置于 "Phoenix RC" 挡，与模拟软件进行匹配，否则将无法识别加密锁。根据遥控器上的教练口，选择合适的数据线，将加密锁与遥控器通过数据线连接好，再将加密锁的 USB 接口插入计算机的 USB 口。在计算机桌面上打开模拟软件。

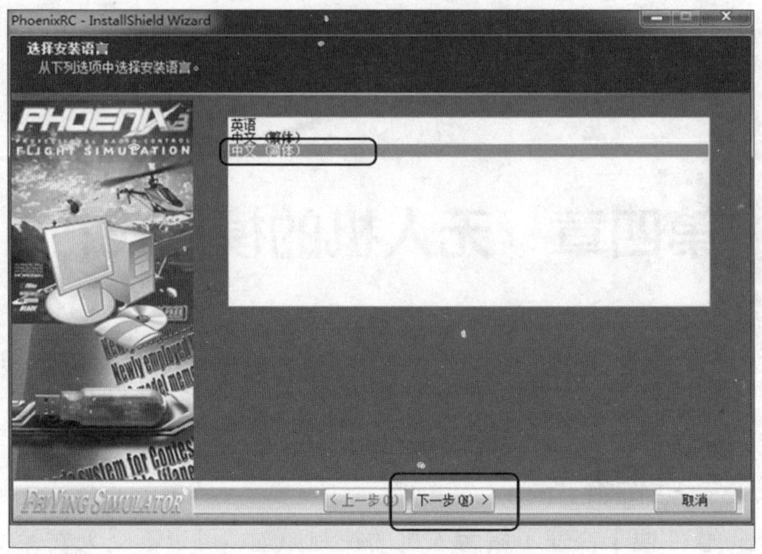

图 4-1-2　凤凰模拟器安装页面

图 4-1-3　凤凰模拟器启动页面

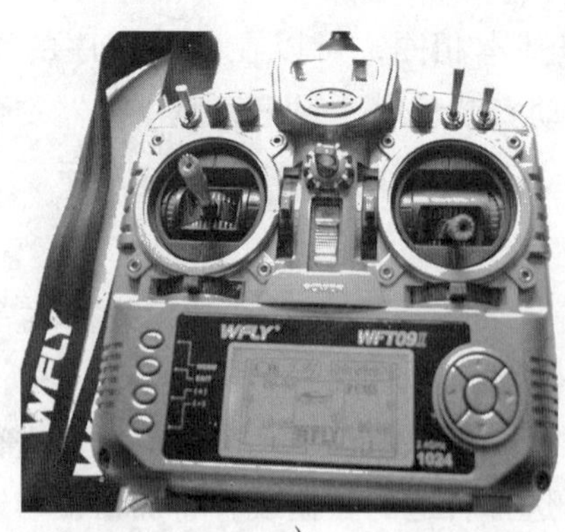

a)　　　　b)

图 4-1-4　设备准备

a）遥控器　b）加密锁

图 4–1–5 数据线

三、校准遥控器

首次使用模拟软件，需要将遥控器硬件与软件各通道进行配对，所以在模拟飞行前必须进行遥控器的校准。

1. 打开模拟软件，单击“系统设置”选项，在弹出的菜单中单击“配置新遥控器”选项，如图 4–1–6 所示，然后在弹出的界面中单击“下一步”按钮，如图 4–1–7 所示。

2. 在弹出的页面中，阅读提示信息，依次单击“下一步”按钮，分别如图 4–1–8、图 4–1–9、图 4–1–10 所示。

3. 在弹出的页面中，根据软件提示，将所有摇杆置于中立位置，如图 4–1–11 所示，然后单击“下一步”按钮。

4. 将左、右摇杆分别都拨到最上、最下、最左、最右，然后单击“下一步”按钮，确定摇杆的最大行程，如图 4–1–12 所示。

图 4–1–6 配置新遥控器

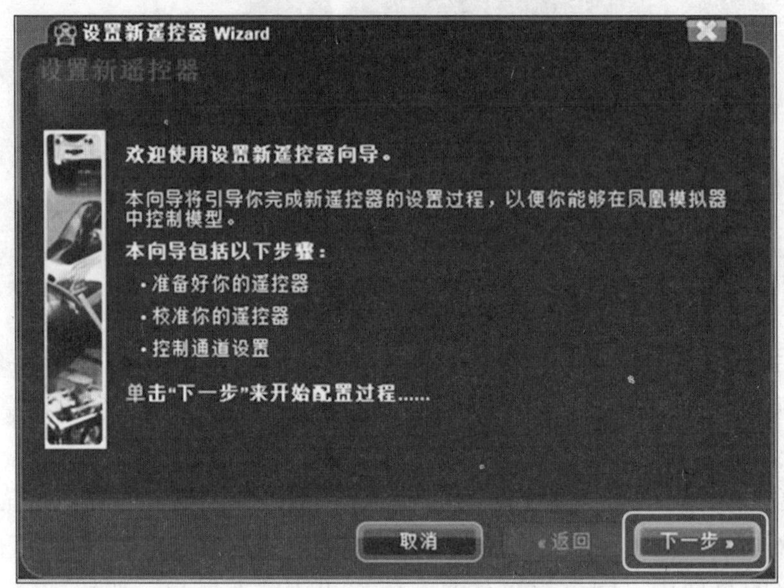

图 4–1–7　单击“下一步”按钮

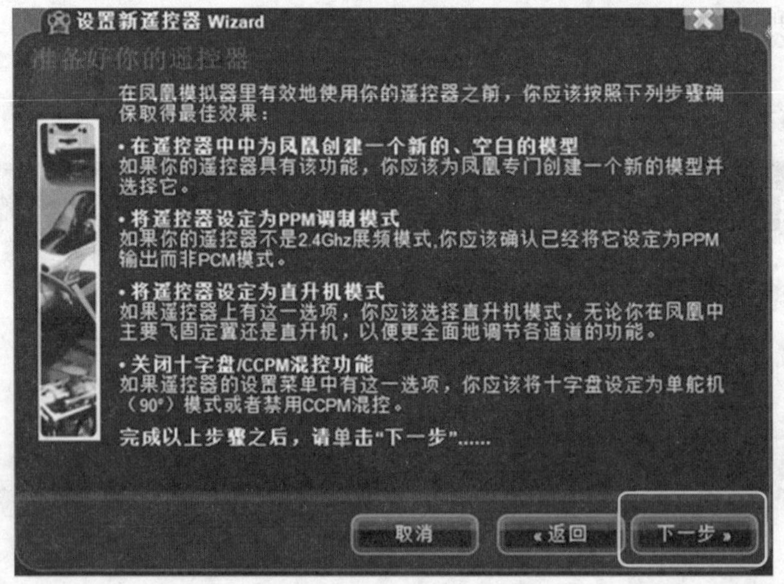

图 4–1–8　单击“下一步”按钮 1

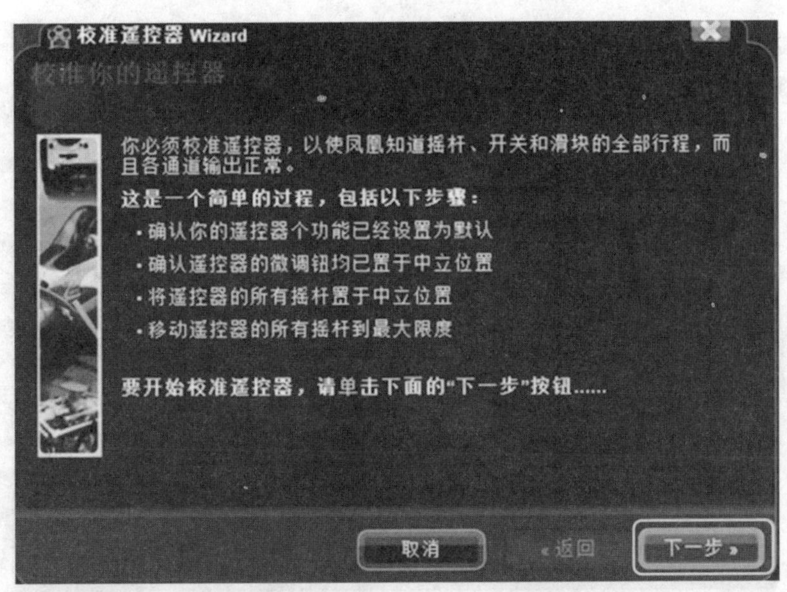

图 4–1–9　单击“下一步”按钮 2

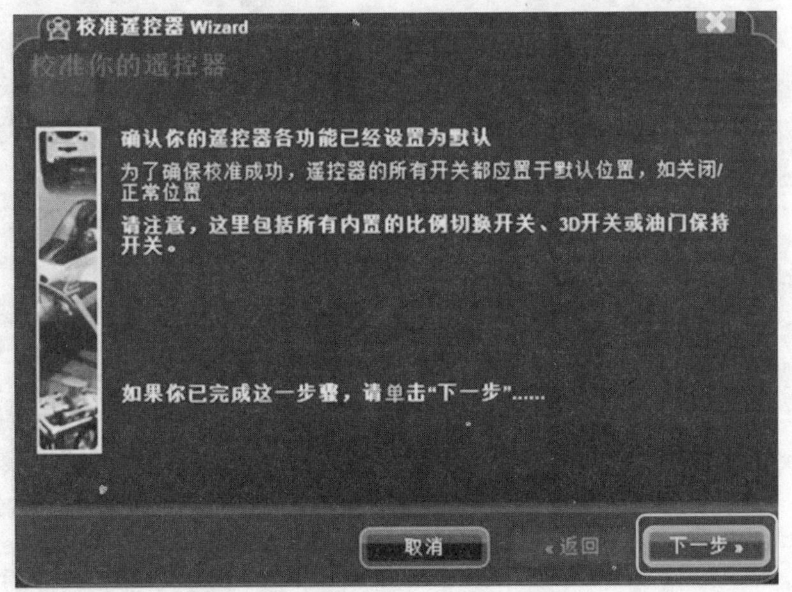

图 4–1–10　单击“下一步”按钮 3

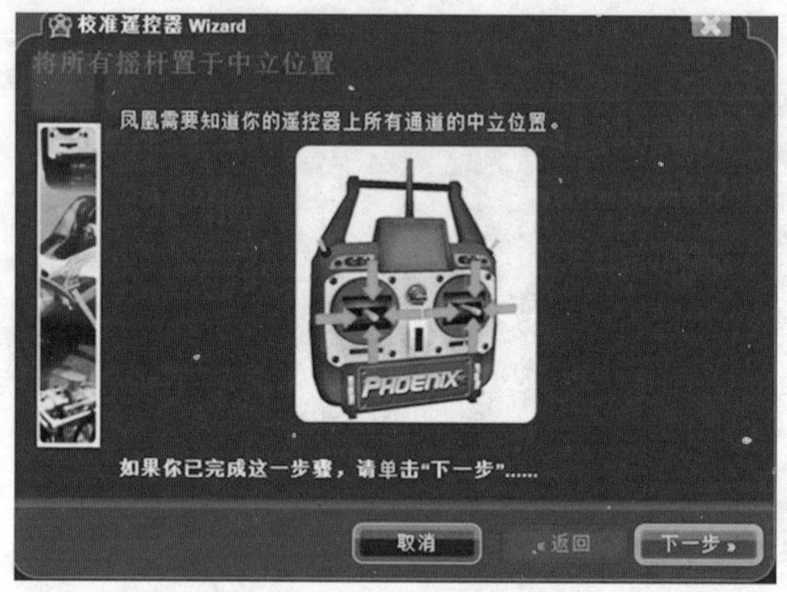

图 4-1-11　将所有摇杆置于中立位置

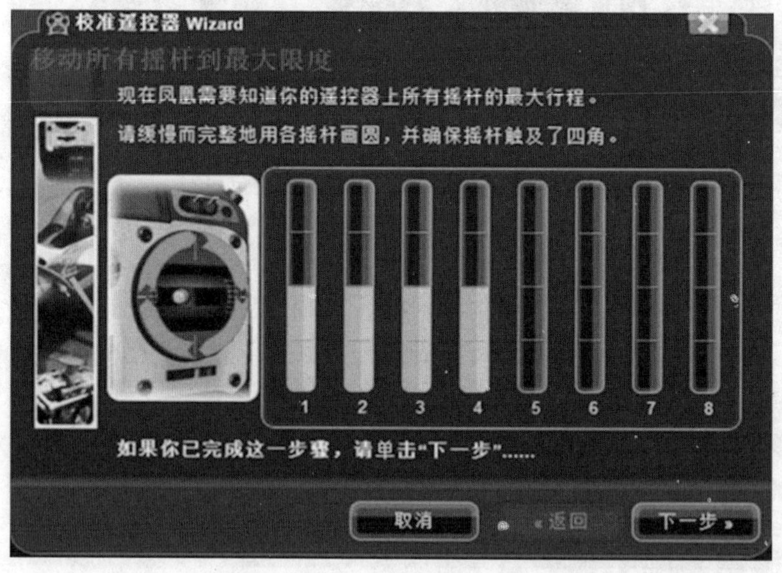

图 4-1-12　确定摇杆的最大行程

5. 在模拟飞行时通常用不到确定开关的最大行程量，可以直接跳过此项设置，单击“下一步”按钮，如图 4-1-13 所示。

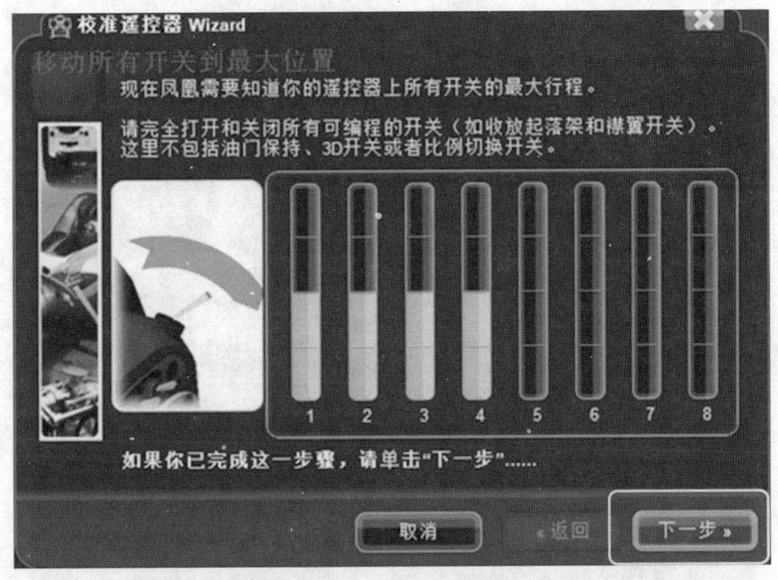

图 4-1-13 确定开关的最大行程

6. 在摇杆全部拨到中立位置后，如果进度条处在中间位置，则遥控器校准完毕，单击“完成”按钮，否则单击“重来”按钮进行重新校准，如图 4-1-14 所示。

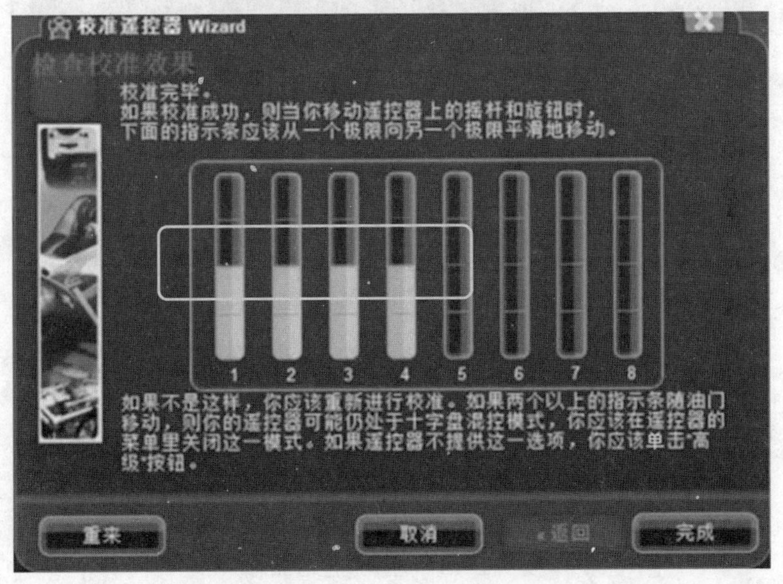

图 4-1-14 遥控器校准完成

7. 在遥控器校准完成后，进行控制通道的设置，如图 4-1-15 所示。

8. 选择遥控器品牌，此处选择默认即可，如图 4-1-16 所示，单击“下一步”按钮，在弹出的页面中，再次单击“下一步”按钮，如图 4-1-17 所示。

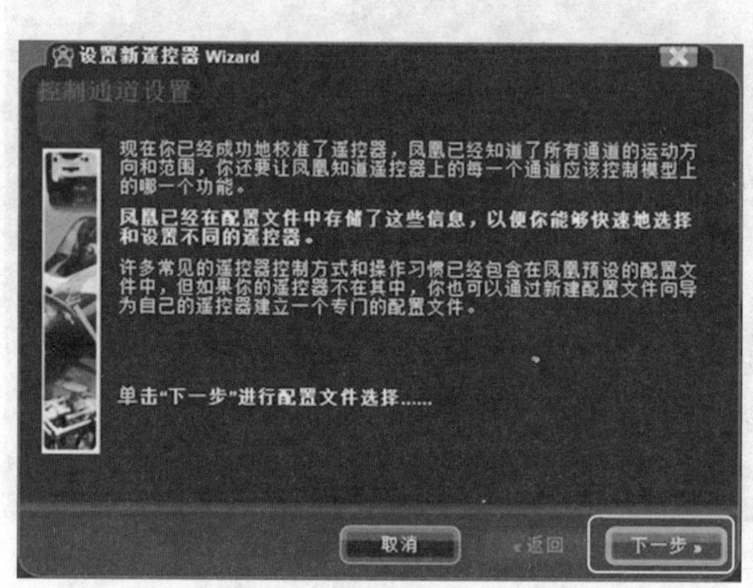

图 4–1–15　控制通道的设置

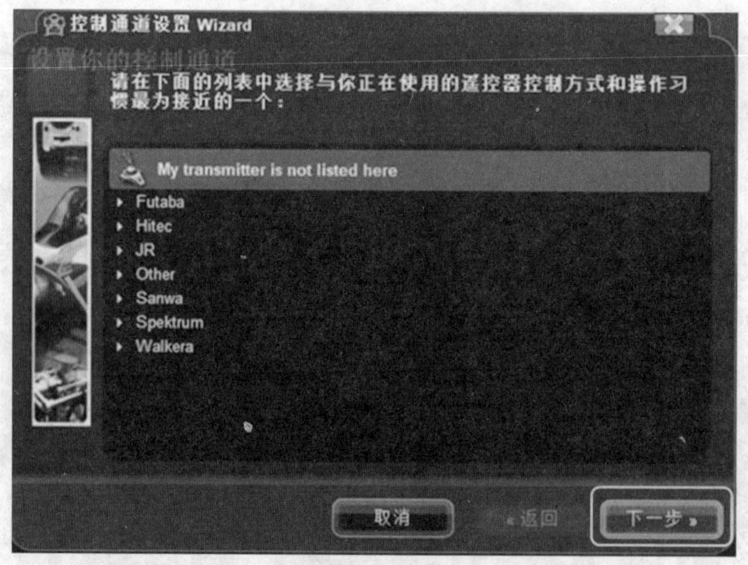

图 4–1–16　选择遥控器品牌

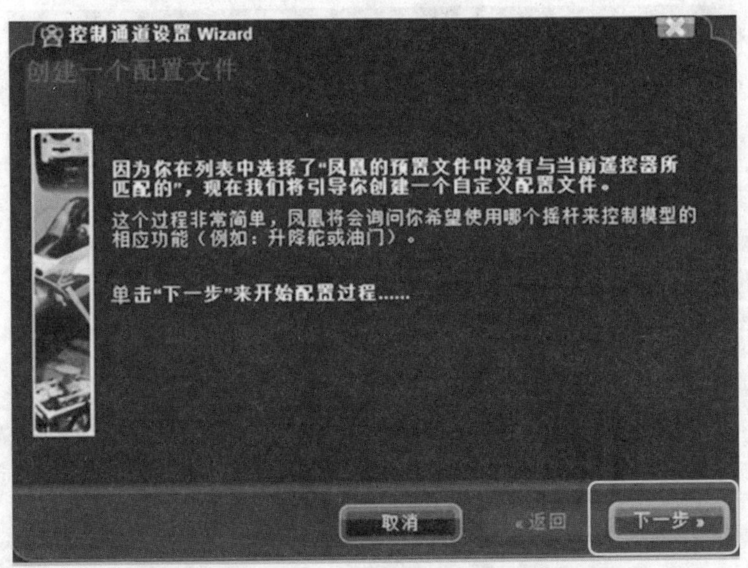

图 4–1–17　再次单击“下一步”按钮

9. 在弹出的页面中，填写配置文件名称，并选择“快速设置”选项，单击“下一步”按钮，如图 4–1–18 所示。

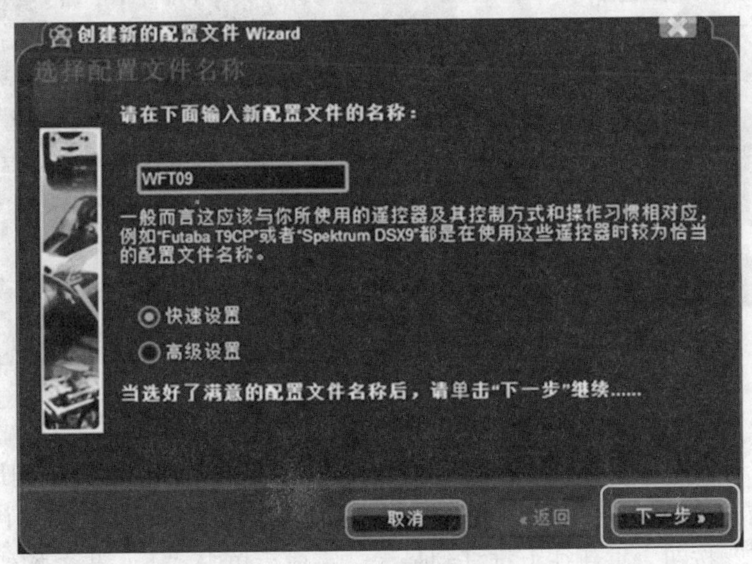

图 4–1–18　保存配置文件

10. 将所有摇杆置于中立位置（特别是油门通道），然后单击“下一步”按钮，如图 4–1–19 所示。

11. 匹配 3 通道（引擎也就是油门），按提示将左手油门摇杆推到最上，显示进度条往右到达最右边的位置；如果进度条往左移动说明配置方向反了，将油门杆拉回中立位置，单击“重试”按钮，重新往上推杆到最大，完成后单击“下一步”按钮，如图 4–1–20 所示。

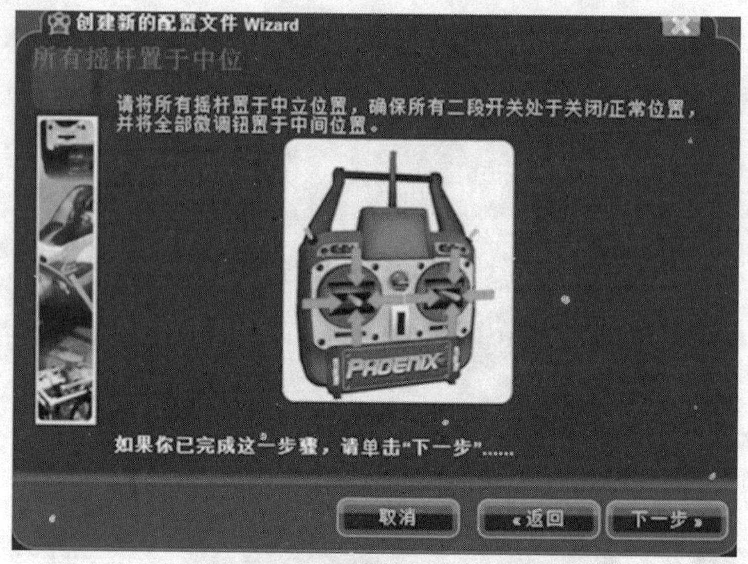

图 4–1–19　将所有摇杆置于中立位置

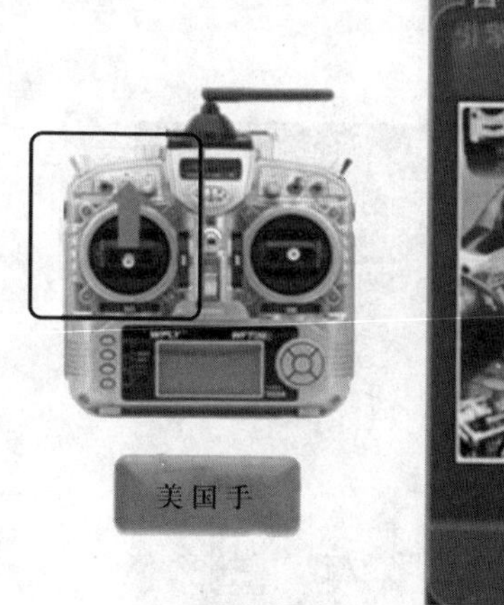

图 4–1–20　匹配 3 通道（引擎也就是油门）

12．匹配 3 通道（桨距与油门通道相同），按提示将左手油门摇杆推到最上，显示进度条往右到达最右边的位置；如果进度条往左移动说明配置方向反了，将油门杆拉回中立位置，单击“重试”按钮，重新往上推杆到最大，完成后单击“下一步”按钮，如图 4–1–21 所示。

13．匹配 4 通道（方向舵），按提示将左手方向舵摇杆推到最右，显示进度条往右到达最右边的位置；如果进度条往左移动说明配置方向反了，将方向舵杆拉回中立位置，单击“重试”按钮，重新往右推杆到最右，完成后单击“下一步”按钮，如图 4–1–22 所示。

14．匹配 2 通道（升降舵），按提示将右手升降舵摇杆推到最高，显示进度条往左到达最左边的位置；如果进度条往右移动说明配置方向反了，将升降舵杆拉回中立位置，单击“重试”按钮，重新往上推杆到最高，完成后单击“下一步”按钮，如图 4–1–23 所示。4 个

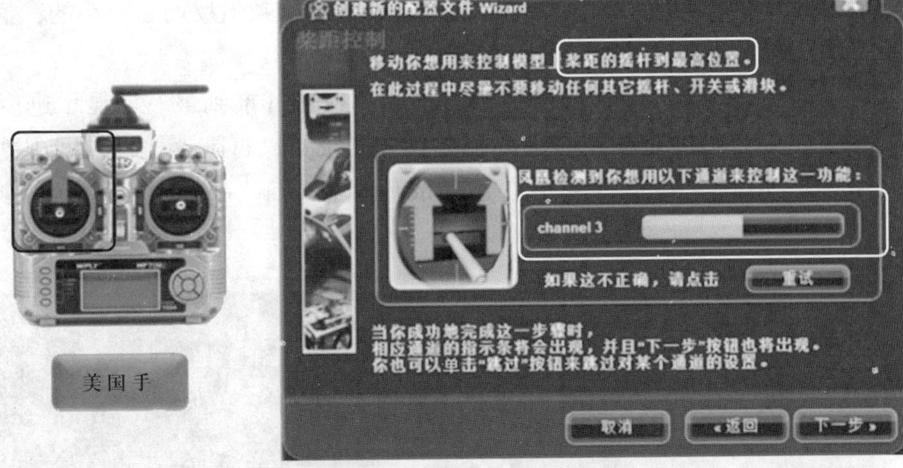

图 4–1–21　匹配 3 通道（桨距与油门通道相同）

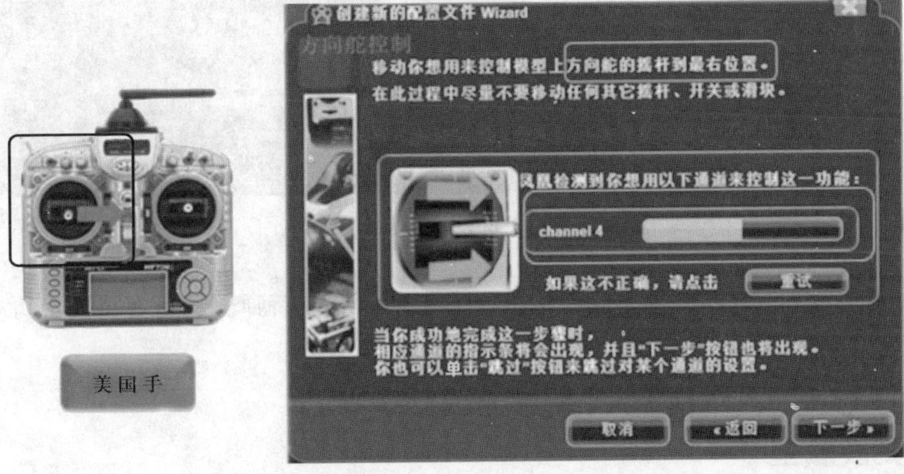

图 4–1–22　匹配 4 通道（方向舵）

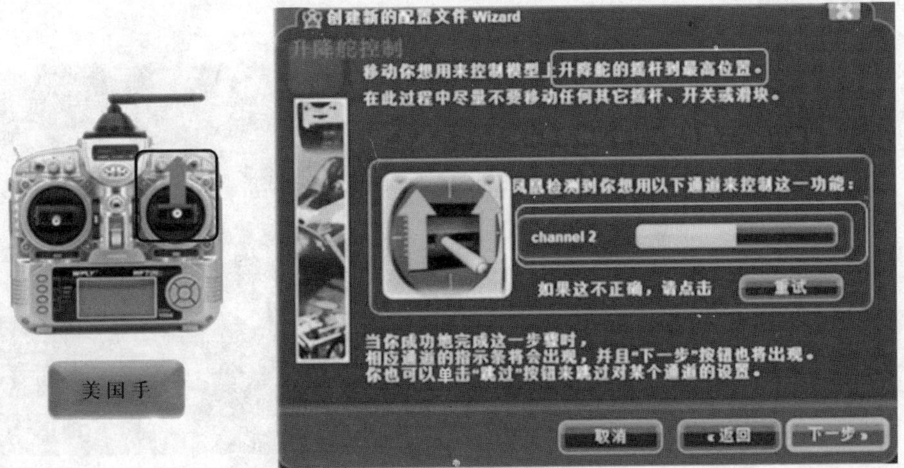

图 4–1–23　匹配 2 通道（升降舵）

基本通道中，只有升降舵是反向的，摇杆推到最高，进度条数值反而是减小的；摇杆拉倒最低，进度条反而是最大值，这种情况是正常的。

15. 匹配1通道（副翼舵），按提示将右手副翼舵摇杆推到最右，显示进度条往右到达最右边的位置；如果进度条往左移动说明配置方向反了，将副翼舵杆拉回中立位置，单击“重试”按钮，重新往右推杆到最右，完成后单击“下一步”按钮，如图4-1-24所示。

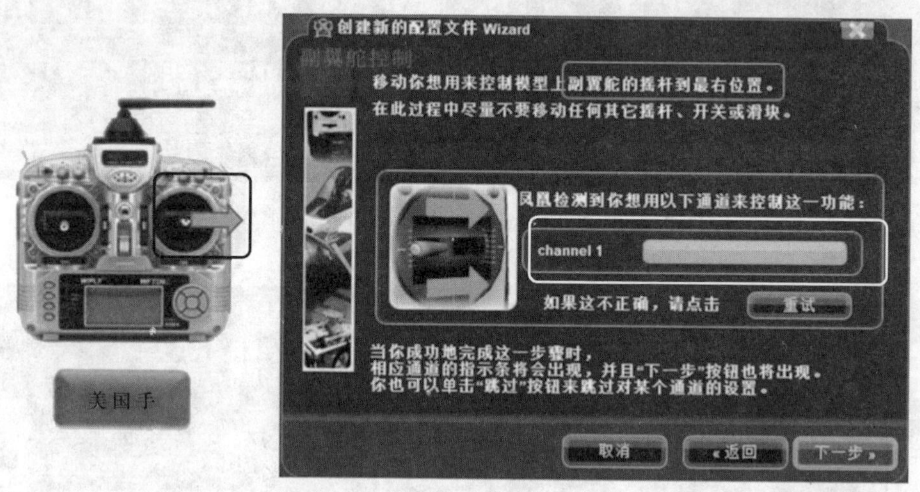

图4-1-24　匹配1通道（副翼舵）

至此，遥控器的配置已经完成，单击“下一步”按钮后弹出的所有页面都可全部跳过。直至弹出完成配置页面。

四、熟悉模拟软件的主要功能

1. 更换模型

选择“更换模型”选项后，即可选择无人机的类型，如固定翼、滑翔机、直升机、多旋翼等不同机型，如图4-1-25所示。

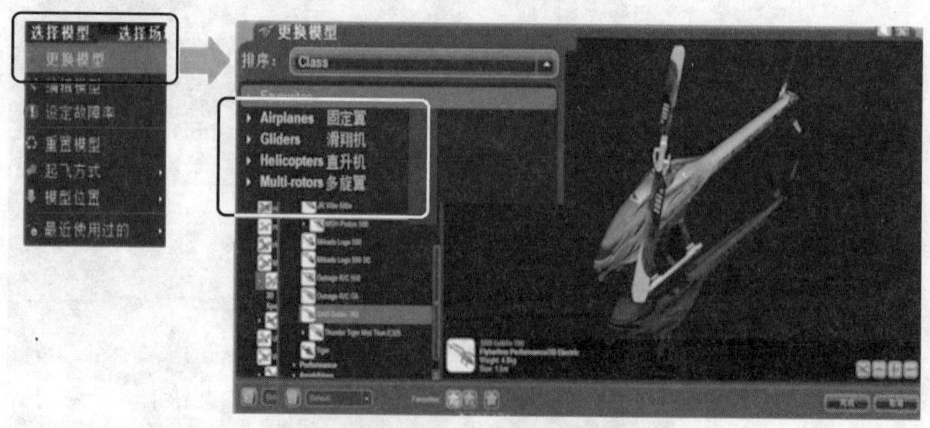

图4-1-25　更换模型

2. 更换场地

选择“更换场地”选项后，可以设置想要模拟飞行的场景，如图 4–1–26 所示。

图 4–1–26 更换场地

3. 更换场地布局

在“场地布局”选项中，可以选择“无”“目标降落”“精准降落”等，如图 4–1–27 所示。

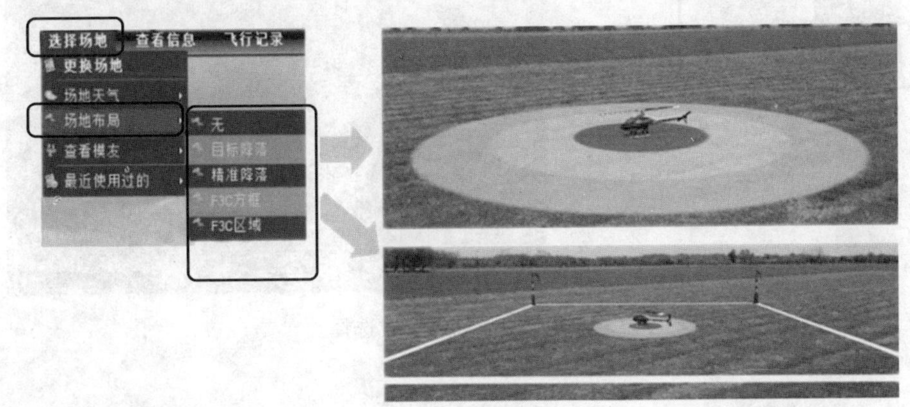

图 4–1–27 更换场地布局

4. 屏幕显示

在“屏幕显示”选项中，可以设置想要在屏幕上显示的内容，如模拟速度、飞行信息、飞行姿态等，如图 4–1–28 所示。

5. 训练模式

在“训练模式”选项中，可以根据训练需要选择相应的训练项目，如图 4–1–29 所示。

在凤凰模拟器中，多旋翼无人机配置有飞控，在模拟飞行时可自动保持水平姿态，达不到模拟训练的效果，所以通常使用直升机作为基础训练的机型，在模拟软件中直升机没有配置飞控，类似于纯手动模式进行模拟飞行训练，倾斜后不会自动保持水平，具有很好的训练效果，如图 4–1–30 所示。

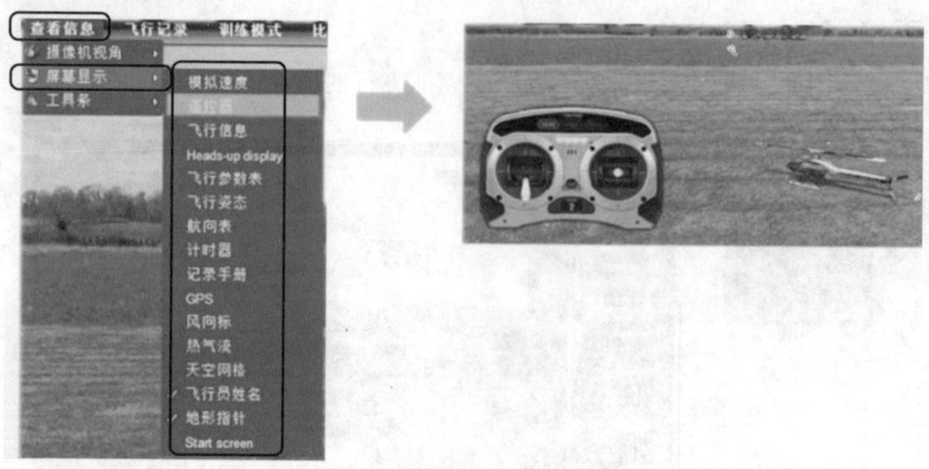

图 4-1-28　屏幕显示

图 4-1-29　训练模式选择

图 4-1-30　选择直升机作为基础训练的机型

第二节 模拟训练的内容和步骤

一、“四方位悬停”练习

“四方位悬停”练习是指对无人机进行四个方位的悬停训练，包括对尾悬停（无人机尾巴对着自己）、对左悬停（无人机机头指向左边）、对头悬停（无人机机头对着自己）、对右悬停（无人机机头指向右边）。

其中最基础的训练是对尾悬停，当无人机对尾悬停时左右副翼摇杆控制机身的左右倾斜，前后升降摇杆控制机身的前后倾斜，它们是完全相同的操作，右手摇杆控制着无人机前后左右运动，但是在其他三个方位悬停模式下，右手摇杆的前后左右与无人机实际的前后左右运动轨迹是不一样的，因为训练少极容易打错舵，导致摔机，练习模拟飞行的目的就是通过反复的模拟训练，熟练地掌握不管机头朝向任何方向都能精准地打杆进行正确修正，并且缩短反应时间，让姿态修正打舵形成一种快速的条件反射，即建立不同方位的舵面意识。

在熟练掌握“四方位悬停”练习以后，能将无人机稳定地悬停在地面靶心的位置，就可以将机身再转动90°，练习“对左悬停”或“对右悬停”。下面以“美国手”遥控器为例讲解具体操作。

左手摇杆的上、下是3通道油门通道，控制的是无人机的悬停高度；向上打杆时无人机向上爬升；左手摇杆的左、右是4通道方向通道，控制的是无人机的机头指向，向左打杆时无人机机头向左偏转；右手摇杆的上、下是2通道俯仰通道，控制的是无人机的前进和后退，往前打杆时无人机前倾并向前平移，右手摇杆的左、右是1通道副翼通道，控制的是无人机的左、右平移，往左打杆无人机向左倾斜并平移。

二、“原地360度自旋”练习

当“四方位悬停”练习熟练之后，可以进行“原地360度自旋”的模拟训练（顺时针自旋和逆时针自旋）。

在无人机悬停的过程中打左方向舵，并维持一个合适的偏航舵量，使无人机机头匀速、缓慢地向左偏航，开始逆时针自旋；无人机偏航舵量不宜过大、自旋速度不宜过快，过快达不到训练的效果；在自旋的过程中，无人机可能会发生位置的漂移，需要不停地打舵将无人机修正到靶心位置；当无人机逆时针自旋练习熟练后，就可以练习无人机顺时针自旋。

在无人机悬停的过程中打右方向舵，并维持一个合适的偏航舵量，使无人机机头匀速、缓慢地向右偏航，开始顺时针自旋，并通过不停地打舵将无人机修正到靶心位置。

当熟练完成无人机顺时针自旋和逆时针自旋模拟训练后，对无人机基本的控制操作已经相对比较熟练，可以很好地控制无人机的运动轨迹以及任何位置的舵量修正，模拟飞行练习结束，即可为实际无人机的飞行训练做准备。

第五章　无人机户外作业注意事项

第一节　准 备 工 作

一、设备的准备

无人机飞行前设备的准备工作主要包括：准备好一架功能完好的无人机，将其动力电池充满电；准备好遥控器，且遥控器的电池也充满电；准备好地面站设备，地面站设备也充满电；准备好备用螺钉和桨叶，条件允许的情况下准备好备用的电动机和电子调速器；准备好常用的维修工具（如螺钉旋具、美工刀、剪刀、扎带、电池绑带、绝缘胶带、热缩管、双面胶、斜口钳、剥线钳、热熔枪等）；准备好合适的任务吊舱设备。

二、物资的准备

无人机飞行前物资的准备工作主要包括：准备好背包、帐篷、遮阳伞、折叠椅、御寒衣物等（视作业环境需求而定）；准备好应急食物和饮用水（如压缩饼干、零食、纯净水等），准备好应急照明设备（如手电筒等）、应急火源（如防水火柴、打火机等）、车载逆变器、发电机、户外应急移动电源、设备充电器及个人电子产品充电器。

三、作业任务的准备

无人机户外作业前，应提前熟悉作业任务，包括飞行区域位置、面积、预计完成情况等，可以提前将任务区域确认好，对作业航线进行提前规划，以便对整个任务工作进行统筹安排。

四、作业现场勘查

无人机户外作业前，应提前熟悉作业环境，提前进入任务区域进行现场勘查，包括在飞行区域内寻找合适的起降场地，查看现场有无高楼、山体、树林、信号塔、高压线塔等影响飞行安全的障碍物，提前做好飞行规避及应急预案。

五、飞行计划的申报

根据现场所处环境、作业区域的位置、航线高度等因素，提前确定是否处于禁飞区、限飞区，是否在政府、军队驻扎区、医院、铁路等敏感区域内作业，以确定是否需要向有关部门提前报备、申报飞行计划、申请空域报批文件等。

六、法律法规的遵守

操控无人机必须遵守相关法律法规的规定。操作人员应了解并遵守国家空域的有关规定，了解并遵守地方政府对无人机飞行的有关规定，确保无人机飞行合法。在拍摄过程中，确保不侵犯他人的隐私权，如有必要应事先获得他人的同意。在使用无人机拍摄时，确保不侵犯任何版权，如有使用他人的音乐、图片等素材，需获得相应的授权。

第二节　飞行前的检查

一、硬件检查

硬件检查主要包括不带电检查（见图 5-2-1）和带电检查（见图 5-2-2）。

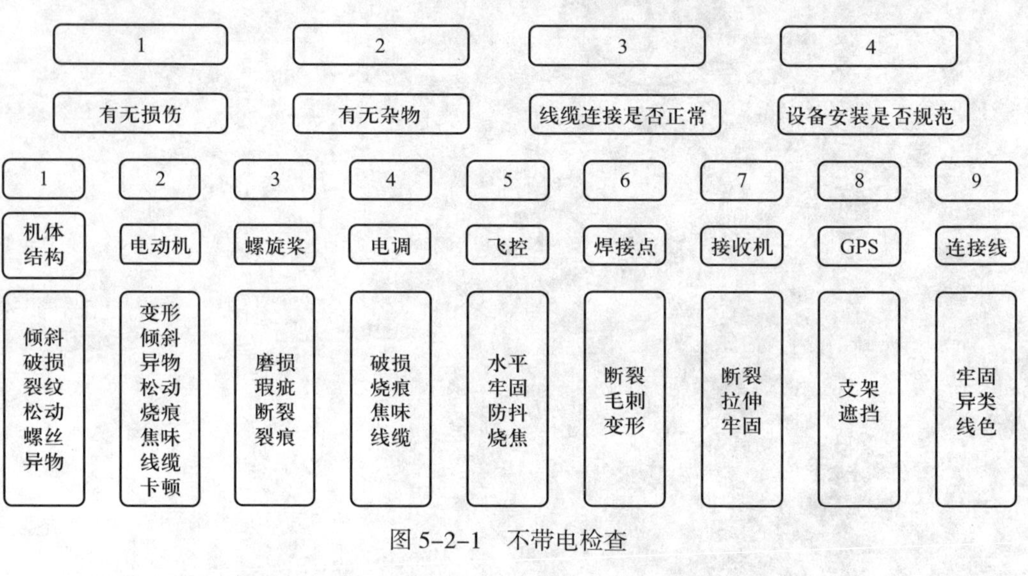

图 5-2-1　不带电检查

图 5-2-2　带电检查

二、数据链路连接情况检查

对遥控链路、数传链路、图传链路三大数据链的连接情况进行检查。

1. 检查遥控链路连接是否正常，遥控器手动控制舵面、执行机构等是否正常，飞行模式切换是否正常等，以确保万一出现紧急情况，可以随时由自主飞行切换至遥控手动控制。

2. 检查数传链路连接是否正常，无人机的位置信息、高度信息、姿态信息、距离信息、数据包发送与接收情况是否正常，连接是否稳定，是否有网络卡顿、数据丢包等异常情况。

3. 检查图传链路连接是否正常，图像信息是否清晰，回传的图像是否有卡顿、卡死的情况，图像传输的整个过程是否流畅。

三、软件系统检查

软件系统检查主要是对地面站软件系统进行检查，例如检查航线、航点规划是否正常，参数设置与更改是否正常，地图加载情况是否正常，控制指令的发送、执行与反馈情况是否正常，常规语音播报以及应急播报是否正常，地面站软件上的显示情况是否完整，软件对重要参数的显示是否准确等。

第六章　无人机的飞行操控与维护

第一节　无人机的飞行操控

无人机的飞行操控与无人机的应用有着紧密的联系，其可以分为手动操控飞行和飞控地面站系统自动操控飞行两种，而手动操控又可分为视距内操控和超视距操控。理论上，手动操控的难度要大于地面站自动操控，一般只有无人机自动操控无法完成的项目才会使用手动操控，手动操控的难度和风险系数要高于自动操控，所以随着科技的飞速发展，无人机系统越来越智能化，其避障系统越来越先进，功能越来越强大，自动操控的功能逐步提高。

每个行业领域，对于无人机的操控要求都不同，下面列举几个典型的无人机应用行业，简要分析不同行业领域无人机操控的特点。

一、无人机航拍（见图 6-1-1）

图 6-1-1　无人机航拍

无人机航拍主要以手动操控为主，对于操作人员来说，操控要求和难度较高，在某些情况下需要操作人员在目视范围内手动操控无人机，而大多数时候，都要求操作人员在目视范围以外也就是超视距操控无人机，其只能通过无人机回传的画面对无人机进行操控，这无疑增加了操控难度，在无人机飞行过程中，操作人员只能看到无人机前方的情况，对于无人机四周环境的情况无法判断，特别是一些高的障碍物，如电线、山体、建筑物等无法及时判断，有时候还要在恶劣的天气情况下操作无人机，操作不当就容易发生无人机坠机事故。

无人机航拍的具体流程如下。

1. 前期考察

在航拍开始前，应对目标地点进行详细考察，了解地形、天气、安全等各方面情况。

2. 设备检查

确保无人机及其配件，如摄像头、电池、遥控器等都处于良好的工作状态。

3. 飞行规划

提前了解天气情况，避免在恶劣天气下进行航拍。根据拍摄需求和安全限制，制定详细的飞行路线和拍摄计划。

4. 申请空域

如果需要在特定地点或禁飞区域内拍摄，需提前向相关部门申请，避免擅自飞行导致法律责任，严禁违法飞行。

5. 实地操作

在确保安全的前提下，按照规划路线进行飞行拍摄，在拍摄时始终将安全放在首位，避免在危险环境中飞行，如强风、高压线、人群密集区域等。

二、无人机测绘（见图 6-1-2）

无人机测绘技术已经较为成熟，基本上不需要手动操控飞行，主要依赖无人机系统自主飞行，大大提高了作业效率和作业精度。

无人机测绘领域对于无人机的操控，主要是使用地面站系统，操作人员需要熟练掌握无人机地面站软件的使用，包括测区划定、测区范围的导入导出（KML 文件）、提前将需要测绘的测区确定，根据测区大小及位置提前在地面站软件中对航线进行规划，根据任务需求设置合理的参数（如飞行高度、飞行速度、拍摄间距、航向等）。

无人机测绘的具体流程如下。

1. 准备工作

在开始测绘之前，需要检查无人机的电池电量、螺旋桨状态、GPS 信号等。同时，需要确保无人机上搭载的相机镜头干净，焦距调整至适当的位置。

2. 起飞与定位

在确保安全的情况下，通过遥控器控制无人机起飞。无人机起飞后，会自动进行 GPS 定位。定位准确后，无人机将自动调整高度和角度。

3. 开始测绘

无人机定位完成后，即可开始进行测绘工作。通过遥控器控制无人机的飞行路线，并按照需求进行拍照或录像。

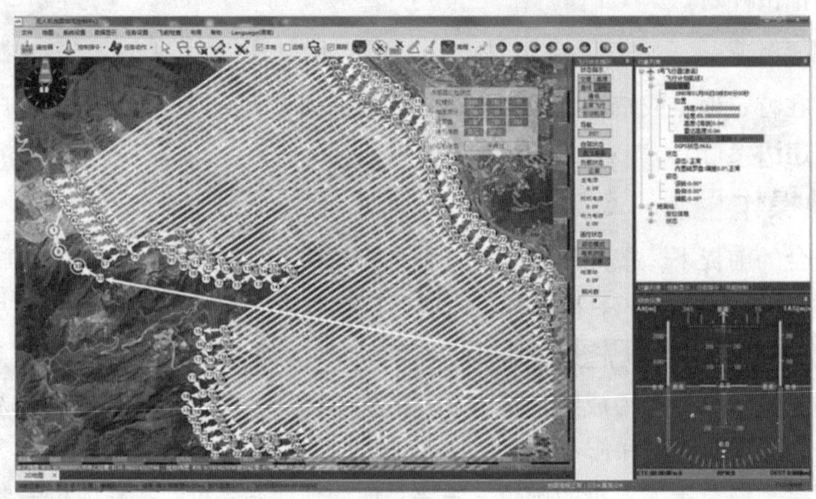

图 6-1-2　无人机测绘

4. 数据处理

无人机测绘完成后，应将获取到的数据传输至计算机或其他数据处理设备中，使用专业软件对数据进行处理和分析，最终得到所需的地图或模型。

三、无人机农业植保（见图 6-1-3）

无人机农业植保领域对于无人机的操控，主要也是使用地面站系统，操作人员需要熟练掌握无人机地面站软件的使用，包括喷洒区域的确定，根据作业区域大小及位置提前在地面站软件中对航线进行规划，根据任务需求设置合理的参数（如飞行高度、飞行速度、喷洒的间隔、喷洒药剂的流量等）。

无人机农业植保的具体流程如下。

1. 飞行前检查

确保无人机设备完好，电池充满，螺旋桨安装牢固，无安全隐患。在植保作业前，应关注天气预报，选择无风或微风天气进行作业，避免大风天气导致无人机摇晃，影响喷洒效果。

图 6–1–3 无人机农业植保

2. 设定航线，控制飞行

根据农田的形状和大小，使用 GPS 或遥控器设定无人机的飞行路线。确保覆盖所有需要植保的区域。在飞行过程中，应始终保持对无人机的控制，避免其飞入禁飞区域或人口密集区域。应遵循飞行规定，确保无人机飞行安全。

3. 喷洒农药

根据农作物病虫害情况，选择合适的农药和喷雾设备进行喷洒。根据农作物生长情况和病虫害程度，合理配制农药浓度，避免过量用药对农作物造成药害或对环境造成污染。

4. 监测效果

喷洒完成后，定期监测农作物的生长情况，评估植保效果。

5. 后期处理

对无人机设备进行清洗、保养和存储，以确保其使用寿命和安全性。

四、无人机电力巡检（见图 6–1–4）

无人机电力巡检的具体流程如下。

图 6–1–4　无人机电力巡检

1. 现场勘查

首先对巡检区域进行实地考察，了解地形、建筑分布及潜在的障碍物，以便规划合理的巡检路线。应选择在适宜的天气条件下进行巡检，避免恶劣天气，如强风、暴雨等。

2. 规划航线

根据现场勘查结果，使用无人机飞行软件规划无人机飞行路线，确保覆盖所有巡检区域。

3. 电池充电

为保证足够的飞行时间，对无人机电池进行充分充电。

4. 设备调试

检查并调试无人机的摄像、传感器等设备，确保其工作正常。

5. 起飞巡检

按照规划的航线，启动无人机进行电力线路巡检，同时采集电力线路的图像和数据。应始终遵守安全飞行规定，避免在禁飞区域或繁忙地区飞行。确保无人机与任何物体的距离都足够远，防止干扰导致坠机。在无人机飞行过程中，应根据实际情况对航线进行微调，确保覆盖所有巡检区域。

6. 数据分析

对无人机采集的图像和数据进行处理、分析，通过分析软件，快速识别线路上的异常情况，如破损、老化等，以便及时解决。

7. 生成报告

将分析结果整理成报告，记录发现的问题及处理措施。

其余的无人机行业应用对于无人机的操控要求不再赘述，它们对于无人机的操控要求都大致地可分为手动操控和地面站操控，其操控难点与上述几项作业都很相似。

无人机物流作业的操控主要是通过地面站进行操控，如图 6–1–5 所示。

a)

b)

图 6-1-5 无人机物流

a）京东物流无人机 b）顺丰物流无人机

无人机环境监测的操控主要是依赖手动操作，如图 6-1-6 所示。

无人机交通执法的操控主要是依赖手动操作，如图 6-1-7 所示。

无人机应急救援的操控主要是依赖手动操作，如图 6-1-8 所示。

a)

b)

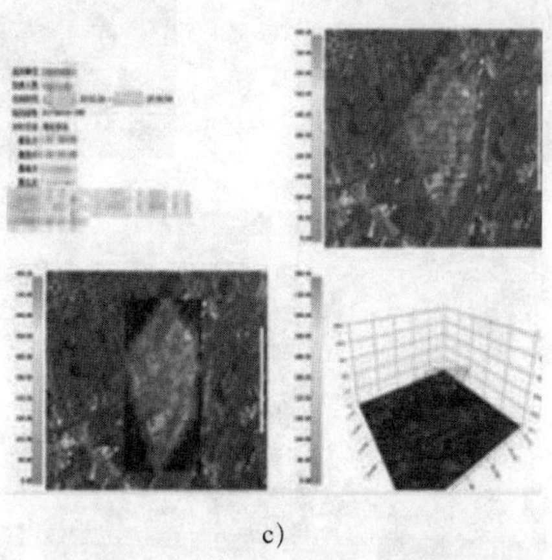

c)

图 6-1-6 无人机环境监测

a）无人机手动操作 b）搭载可见光设备的无人机拍摄到的污染源

c）通过无人机搭载的气体传感器数据生成的可视化气体污染图

a)　b)　c)　d)

图 6-1-7　无人机交通执法

a）无人机辅助执法　b）监测路况　c）抓拍占用应急车道　d）远程处理交通事故

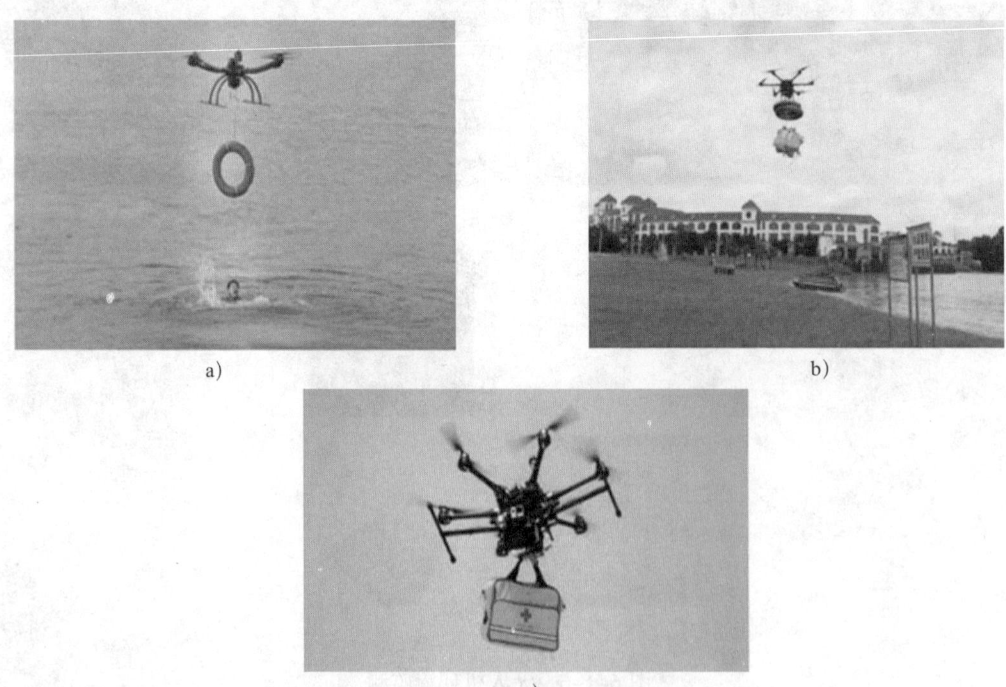

a)　b)　c)

图 6-1-8　无人机应急救援

a）无人机向落水人员投放救生圈　b）无人机投放救生衣　c）无人机投放急救药品

无人机消防的操控主要是依赖手动操作，如图 6-1-9 所示。

a)
b)
c)
d)
e)

图 6-1-9　无人机消防

a）无人机火场侦察　b）无人机携红外相机查看隐藏的火源或发热点

c）无人机搭载灭火弹参与高空灭火　d）应急通信高空基站

e）无人机为灾区提供通信服务

第二节　无人机的维护

一、无人机机体机构的维护

无人机飞行结束后，通常需要对无人机机体机构进行维护。

首先是外观完整性检查，观察无人机机体整体机构的外观有无损坏、裂纹、缺损，连接处是否牢固，螺钉是否松动、有无脱落的情况；碳纤维部件及金属连接件是否有变形、损坏的情况；桨叶是否完整、有无开裂和破损的情况。如发现无人机开裂、破损、变形、松动、缺失部件，必须立即维修或更换新部件，严禁无人机携带安全隐患飞行。

其次是进行无人机的清洁，无人机作业后表面很可能会残留灰尘、污泥、砂石、杂草等杂物，这些杂物有可能会进入电动机等造成设备的磨损，或进入摄像机、激光雷达等任务载荷设备，影响设备正常工作，有些杂物还会进入传感器中而遮挡传感器，影响传感器的功能，造成无法自动避障或突然自动飞行，进而影响无人机的正常使用。可以使用酒精或电子设备清洗剂进行清洁作业。

二、无人机电子设备的维护

无人机的电动机是发生故障比较多的电子设备，应重点检查电动机转动是否顺畅，有无卡涩、异响，如果有可能是砂石等杂物进入导致的，需要清理干净；检查电动机的轴是否有弯曲变形，弯曲变形会导致电动机转动起来不同心，导致无人机运行时振动大，也会导致螺旋桨转动噪声大，还会出现“双桨”现象；检查电动机轴承磨损情况，磨损大轴承内会产生间隙、旷量、位移。

无人机有可能会在潮湿的环境下工作，如雨中作业、雪中作业，作业后应检查无人机内部有无进水生锈的现象，电子设备有无发霉、腐蚀、生锈等现象，如发现上述现象，应立即用酒精或电子设备清洗剂进行仔细清理，必要时可用暖风机烘干。

作业后还需要对无人机各种传感器（超声波传感器、光流传感器、视觉避障传感器等）进行检查和清理，应定期对这些电子设备进行测试，确保其工作性能正常，避免无人机飞行过程中传感器突然失效造成严重事故和后果。

三、无人机电池的维护

无人机多采用聚合物锂电池作为动力电池和设备电池，但是锂电池比较脆弱，不能过充、过放、满电保存、包装破损等，以免锂电池出现鼓包、变形、容量变小、效率下降等现象，严重的甚至可能出现锂电池起火燃烧或爆炸事故。

要定期对无人机系统的锂电池进行检查、清洁、充放电操作，发现有包装破损、电芯变形、插头接触不良、线材破损等情况，应立即采取措施进行修复，问题严重的应更换新的锂电池。

损坏或报废的锂电池处理方法：可以将锂电池整个浸泡在食盐水中，锂电池内部的锂离子会与氯化钠溶液反应，反应后的锂电池活性降低、安全系数提高，不会再发生起火或爆炸事故。

因为锂电池有内阻，它在不对外供电的情况下自身也会消耗电能，所以锂电池长期不使用，电量会慢慢降低，导致出现电压过低、性能下降、鼓包等现象。如果充满电未使用，也没有放电到保护电压 3.8 V 左右，也会导致电池鼓包、性能下降等。

锂电池暂时不使用时，需要把电池电压放到 3.8 V 左右，并且每个月充放电 1 ~ 2 次，以保持锂电池的活性和容量。